이어령의 교과서 넘나들기

콘텐츠 크리에이터 **이어령** | 글 **이광연** | 그림 **남기영** | 기획 **손영운**

수학편 14 수학적 사고력을 키우는 수학 이야기

살림

생각을 넘나들며 다양한 지식을 익히는 융합형 인재가 되세요!

우리는 지난 몇 년간 엄청난 변화를 겪었습니다. 과학기술과 정보통신기술의 비약적인 발전으로 인해 지난 시절 몇 세기에 걸쳐 누적된 삶의 변동보다 훨씬 더 크고 빠른 변화를 경험해야 했던 것이지요. 스마트폰 같은 디지털 기기들과 트위터, 페이스북 같은 소셜 네트워크 서비스들은 불과 1~2개월의 시간 동안 우리 삶의 방식을 일순간에 바꾸어 놓았습니다. 당연히 지난 시절에 유용했던 생각과 지식 역시 크게 달라질 수밖에 없습니다. 이럴 때 우리 아이들은 미래를 위해 무엇을 준비하고 공부해야 할까요?

저는 이런 이야기를 좋아합니다. 옛날 어떤 사람이 우연히 산속에서 신선을 만났습니다. 신선에게 소원을 말하면 들어준다는 말에 그 사람은 신선을 붙들고 놓아 주지 않았지요. 그리고 신선에게 말했습니다. "저기 저 바위를 황금으로 바꿔 주세요." 다급해진 신선이 지팡이를 휘둘러 커다란 바위를 황금으로 바꾸어 주었습니다. "이제 놓아다오." 그때 그 사람이 눈을 반짝이며 말했습니다. "소원이 바뀌었어요. 그 지팡이를 제게 주세요."

이 이야기는 단순히 고기 잡는 방법을 가르쳐야 한다는 말이 아닙니다. '황금'이라는 창조물에서 황금을 창조하는 '방법'으로 생각을 이동시킬 수 있는 능력이 중요하다는 말입니다. 우리 아이들이 주역이 될 미래는 다양한 방면으로 바라보고 가로지르고 융합할 수 있는 '생각의 능력'이 더없이 중요해지는 시대입니다.

콜럼버스의 일화를 소개할까요. 콜럼버스가 신대륙에 상륙했을 때 어딘가에서 새소리가 들렸습니다. 콜럼버스는 그 새소리를 종달새 소리라고 적었지만, 나중에 밝혀진 바로는 그곳에 종달새는 살지 않았답니다. 콜럼버스는 자신이 알고 있는 지식에 묶여 새(bird) 소리를 새(new) 소리로 듣지 못했던 것입니다. 이런 관습적인 사고가 과거의 생각 방식이었다면 이제 중요해지는 것은 '순환적인 사고'와 '양면적인 사고', 서로 다른 분야를 함께 생각할 수 있는 '복합적인 사고'입니다.

다행히 우리 민족은 이미 오래전부터 이런 사고방식을 부지불식간에 사용하고 있었습니다. 언어적으로 봐도 서양은 한쪽 면만 표현하는 반면 우리는 항상 양면성을 고려했습니다. 고층건물에 있는 '엘리베이터'는 그 뜻을 해석하면 이상합니다. '오르는 기계'라는 뜻이니까요. 우리는 '승강기'라고 씁니다. '오르내리는 기계'라는 뜻이지요. '열고 닫는다'는 뜻의 '여닫이', 나가고 들어온다는 뜻의 '나들이', 이런 어휘들에는 양면적인 사고가 잘

반영되어 있습니다.

순환적 사고란 무엇일까요. 가위바위보에서 '가위'의 의미에 주목해 보도록 하지요. 바위와 보만 있는 세계는 항상 결과가 자명한 세계입니다. 모두 오므리거나 모두 편 것, 이것 아니면 저것만 있는 세계에서는 다양함이 나올 수 없습니다. 그러나 '가위'가 있어서 가위바위보는 예측 불가능한 결과를 가져올 수 있는 다양성을 갖게 됩니다. 우리는 바로 그 '가위'와 같은 것을 상상해 내고 생각할 줄 알아야 합니다.

그러자면 서로 다른 분야를 넘나들면서 다양한 지식을 융합적이고 통섭적으로 습득해야 합니다. 쓰고 남은 천들이 버려지는 것이 아니라 조각보로 훌륭하게 다시 만들어질 수 있고, 배추 쓰레기가 '시래기'라는 웰빙음식으로 재탄생할 수 있게 만드는 지식의 습득과 활용이 필요합니다.

그렇게 자라난 우리 아이들은 과거와는 다르게 모두가 1등이 될 수 있는 사회에서 풍요로운 삶을 살 수 있을 것입니다. 저는 늘 이렇게 말합니다. "남다른 생각과 지식을 가지고 360도 방향으로 제각기 뛰어나가 그 분야에서 1등이 되어라. 옛날처럼 성적순으로 1등부터 꼴찌까지 줄 세우는 시절이 아니다. 그렇게 저마다의 소질과 생각에 맞는 분야에서 1등이 되어 손 맞잡고 강강술래를 돌아라. 그런 아름다운 세상에서 살아라."라고 말이지요.

스티브 잡스는 스탠퍼드 대학교의 엘리트들에게 이렇게 말했습니다. "Stay hungry, stay foolish!" 졸업하면 성공이 보장된 인재들에게, 그리고 최고의 지성으로 무장한 졸업생들에게 '항상 바보 같아라'라고 말한 것은 어떤 의미일까요. 기존의 지식으로 무장한 사람일수록 세상을 바꿀 뛰어난 생각은 바보같이 느껴진다는 의미가 아닐까요. 현재의 관점에서 불가능할 것 같고 황당하고 쓰임새가 없어 보이는 상상 속에 우리가 예측하지 못했던 엄청난 혁신과 가치가 숨어 있다는 것을 스티브 잡스는 말하고 싶었던 겁니다.

〈이어령의 교과서 넘나들기〉가 우리 젊은 학생들이 그런 행복한 미래(future)에 대한 비전(vision)을 갖는 데 꼭 필요한 융합형(fusion) 교양 지식을 익히고 생각의 넘나들기를 익힐 수 있는 좋은 계기가 되기를 바랍니다.

이어령

작가의 글

지식 대융합 시대의 창조적 교양인을 꿈꾸는 여러분께

현대 사회는 'T자형 인간'을 요구한다고 합니다. 'T자형 인간'이란 자기 분야는 물론이고, 다른 분야에도 깊은 이해가 있는 종합적인 사고 능력을 가진 사람을 일컫는 말입니다. 'T'자에서 '—'는 횡적으로 많이 아는 것을, '|'는 종적으로 한 분야를 깊이 아는 것을 의미하지요.

왜 현대 사회는 T자형 인간을 원할까요? 그 이유는 21세기가 '지식 대융합의 사회'를 지향하고 있기 때문입니다. 현대는 하루가 다르게 새로운 개념의 첨단 전자 제품이 나오고, 그것이 우리의 지식 정보 전달 시스템을 통째로 바꾸고, 그 결과 문명의 방향이 달라지는 시대입니다. 이 변화무쌍한 현실을 이해하고 이끌어 나갈 수 있는 힘은 오로지 창조적이고 통합적인 상상력과 직관을 가진 'T자형 인간'으로부터 생산되기 때문입니다.

하지만 우리의 현실을 보면 앞이 아득합니다. 'T자형 인간'이 되어 21세기 대한민국을 이끌고 나가야 할 청소년들은 빡빡한 학교 수업과 학원 일정에 쫓겨 다람쥐 통의 다람쥐처럼 제자리 돌기만 하고 있습니다. 학교와 교과서를 통해 배운 지식을 단순히 입시 수단으로만 여기고 있습니다. 학교에서 배운 지식을 다른 지식과 잘 연결하고 융합시켜 지적 능력을 키우는 일에는 관심 밖입니다.

〈이어령의 교과서 넘나들기〉 시리즈는 안타까운 우리 청소년들의 지적 현실을 타개하기 위해 만든 책입니다. '5천 년 인류 문명이 이룩한 모든 교양을 만화로 읽는다.'는 생각으로 만화가 가지는 유머와 재미라는 틀 안에 그동안 인류가 축적한 다양한 지식을 담았습니다. 단순히 한 가지 학문만을 다루는 것이 아니라 다양한 학문이 통합된 융합형 교양 지식을 담아 청소년들이 현대 사회를 창조적으로 살아갈 수 있는 능력을 기를 수 있도록 만들었습니다.

인류 문명의 토대가 되는 지식을 담은 재미있고 명쾌하지만 결코 가볍지 않은 멋진 만화책들이 차례로 독자들 앞으로 찾아갈 것입니다. 우리 청소년들이 이 책들을 읽고 '지식의 대융합 시대'를 선도하는 'T자형 인간'을 꿈꾸는 모습을 보기를 간절히 소망합니다.

기획 손영운

수학이란?

여러분은 수학을 좋아하나요? 책상 위에 머리를 처박고 식을 계산하거나 도형과 그래프를 그리는 게 수학 공부의 전부는 아니랍니다. 안타깝게도 여러분은 대부분 진도 나가기 바쁘기도 하고 학원도 가야 하기 때문에 '수학을 왜 배워야 하는지'에 대한 이야기나 '수학은 진짜 재미있는 과목'이라는 사실을 배우지 못하고 있어요. 그러다 보니 많은 학생들이 '수학은 필요 없는 과목'이라는 생각을 하게 되고, 수학은 어느새 '어렵고 지겹고 따분한 것'이 돼 버리죠.

어떻게 하면 수학을 좋아할 수 있을까요? 그 답은 바로 책을 읽는 거예요. 특히 수학과 관련된 흥미로운 만화책이야말로 수학적 사고력을 자극하고 수학에 관심을 가질 수 있도록 도와준답니다. 이 책에서는 수학을 배우는 이유에서부터 수학이 발전시킨 인류의 문명, 수학이 실생활에서 사용되는 재미있는 예를 많이 알려 줄 거예요. 또 수학 공부를 쉽고 재미있게, 그리고 잘할 수 있는 효과적인 학습법도 알려 주지요.

이 책을 통해 수학의 필요성은 물론, 수학의 참 재미를 느끼게 되었으면 해요. 저와 함께 흥미진진한 수학의 세계로 떠나 볼까요? 이 책을 읽고 있는 여러분 모두가 수학을 아주 좋아하고 잘하는 '수학의 신'이 되어 있을 거예요!

글 이광연

수학도 재미있게!

저는 수학을 떠올리면 '딱딱함'이라는 단어가 연상돼요. 그래서 수학이라는 재료를 가지고 어떻게 하면 말랑말랑하고 재밌게 만들 수 있을까 고민을 했죠. 그래서 재밌는 유머를 이 책에 가득 담았답니다. 이 책을 읽는 학생들이 수학이 무척 좋아져서 유독 수학 과목만 좋아하게 되는 게 사회적 이슈가 되지는 않을까 하는 즐거운 상상을 하면서 말이에요.

이 책에선 딱딱한 숫자와 공식들이 말도 하고 웃기기도 하고 춤도 춰요. 여러분이 학교나 학원에서 수학을 공부할 때 이를 떠올리며 보다 즐겁고 편안한 마음으로 수학을 대할 수 있게 되면 좋겠습니다.

그림 남기영

이어령의 교과서 넘나들기 수학편 ⑭

1장 수학은 왜 배울까?

수학에서 가장 중요한 것은
수학을 하는 방법이야.

가우스(Johann Carl Friedrich Gauss, 1777년~1855년)

다른 학생들은 이렇게 계산을 했지.

그런데 가우스는 규칙을 발견했어.

1과 100을 더하면 101, 2와 99를 더하면 101,
3과 98을 더하면 101……

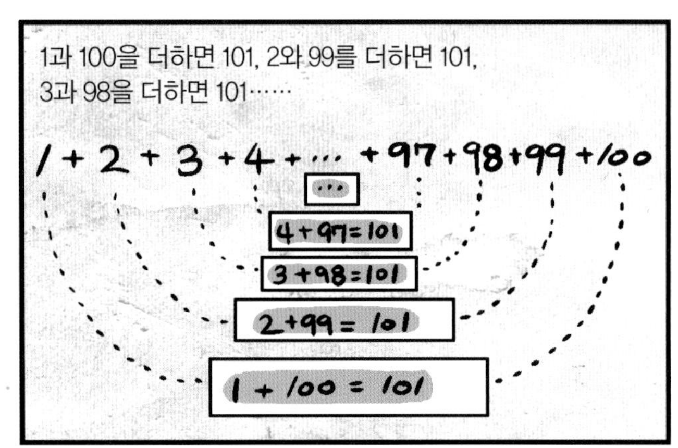

이와 같이 더하면 모두 50개의 101이 된다는 것을 알았지.

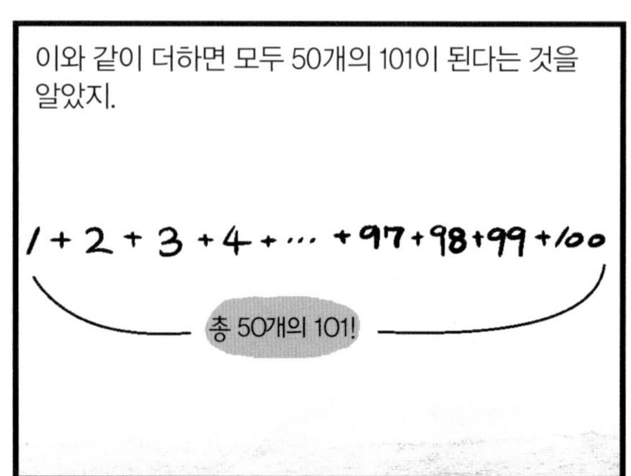

그래서 이렇게 정답을 구했지.

가우스처럼 생각하는 것을 바로 수학적으로 생각한다고 해.

슈퍼마켓을 생각해 보자.

슈퍼마켓에서는 같은 종류의 물건끼리 모아서 진열하지.

이것은 '어떻게 하면 잘 배열할 수 있을까?'의 문제인데,

유클리드(Euclid, 기원전 365년경~기원전 275년경)

유클리드는 수학을 지나치게 이상적으로만
생각했지만,
8!
오~ 내 이상형!

수학은 현실적인 것과 이상적인 것이 조화를 이루어야
한단다.
보고 싶어
견딜 수가 없었…….
앗!
다
녹았다.

수학이 재미없게 느껴지는
이유 중 하나는
와~
선물받은 책!
수학

복잡한 기호와 공식들로
이루어져 있기 때문이지.
머……
멀미가…….

그런데 수학에서는 그것들이 꼭
필요하단다.
수학
윙~

그런 기호와 공식들을 만드는 것을
'추상화'라고 해.
절렁
파인애플
맛 좀
보셔~.
절렁

예를 들어, 사과 두 개와 나비 두 마리는 완전히 다른
존재지.

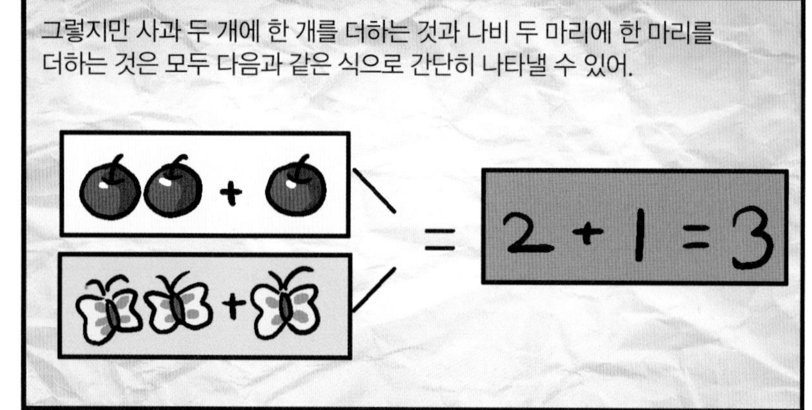
그렇지만 사과 두 개에 한 개를 더하는 것과 나비 두 마리에 한 마리를
더하는 것은 모두 다음과 같은 식으로 간단히 나타낼 수 있어.
2 + 1 = 3

이것이 추상화라는 거야.
2+1=3
와글~

이렇게 간단한 식을 사과의 경우, 나비의 경우, 도토리의 경우,
수박의 경우 등으로 따로 쓰는 것은 지루한 일이 될 거야.

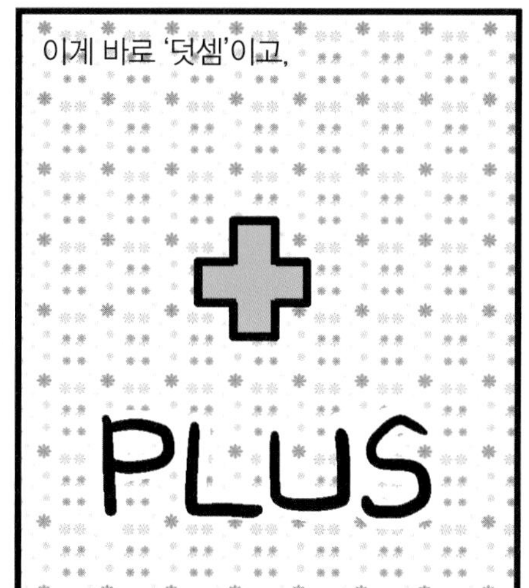
이게 바로 '덧셈'이고,
PLUS

이것이 수학적으로 생각한다는 것이지.

수학적으로 생각한다는 것에는 추상화도 포함이
되는 거야.
2+1
=3
띵

유명한 '쾨니히스베르크의 다리 건너기 문제'를 보자. 18세기 프러시아 지역 쾨니히스베르크라는 도시에는
프레겔 강이 흐르고 있었는데, 이 강에는 강 가운데 있는 섬을 잇는 일곱 개의 다리가 놓여 있었어.

'쾨니히스베르크의 다리 건너기 문제'는 이거야.
같은 다리를 두 번 건너는 일 없이 이들 다리를 모두 건널 수 있는가?

단, 같은 섬이나 강둑은 여러 번 지나가도 되지만 같은 다리는 정확히 한 번만 건너야 해.

사람들은 일일이 다리를 건너는 방법을 찾으려고 했지만

모두 실패했어.
실패

여기서 우리도 다리를 건너 볼까?

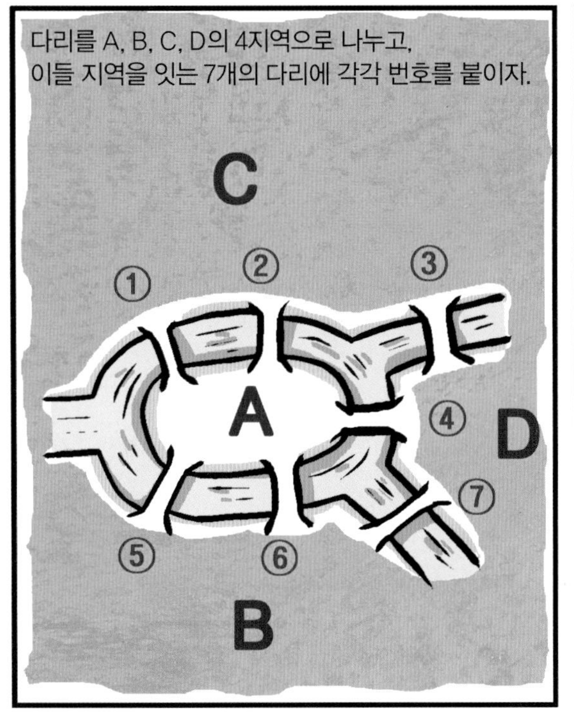
다리를 A, B, C, D의 4지역으로 나누고,
이들 지역을 잇는 7개의 다리에 각각 번호를 붙이자.
C
①
②
③
A
④
D
⑦
⑤
⑥
B

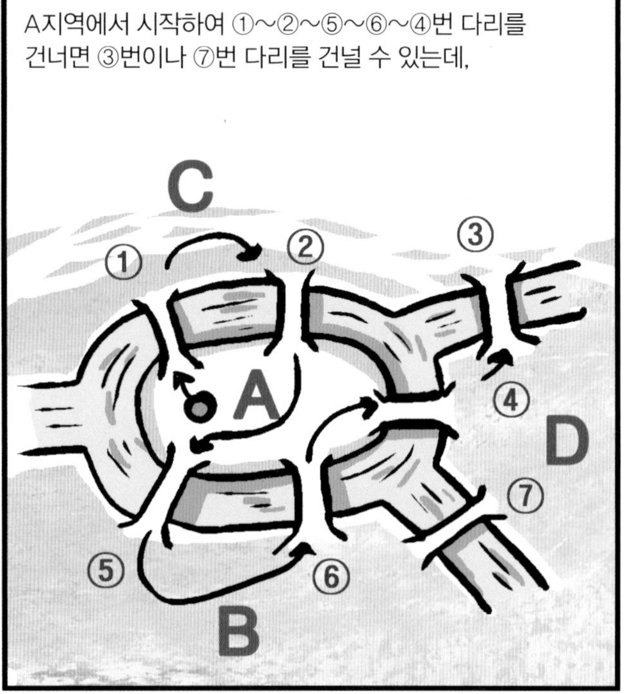
A지역에서 시작하여 ①~②~⑤~⑥~④번 다리를 건너면 ③번이나 ⑦번 다리를 건널 수 있는데,
C
①
②
③
A
④
D
⑦
⑤
⑥
B

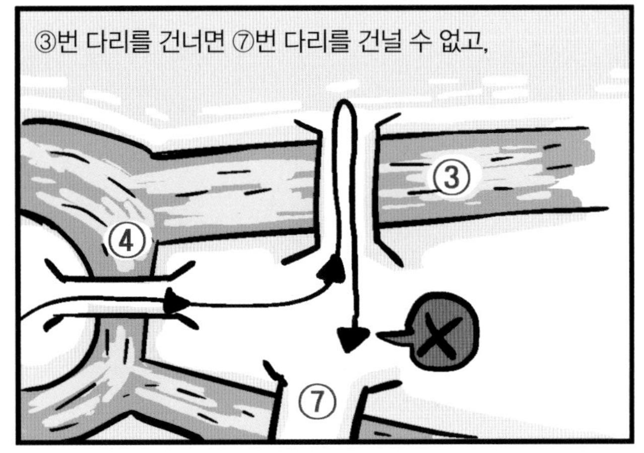

이번에는 C지역에서 출발하여 ①~⑤~⑥~②~③번 다리를 건너면 ④번 다리와 ⑦번 다리가 남게 되는데, 앞에서와 마찬가지로 ④과 ⑦번 다리 중 하나의 다리는 건널 수 없어.

C ① ② ③ A ④ D ⑦ ⑤ ⑥ B

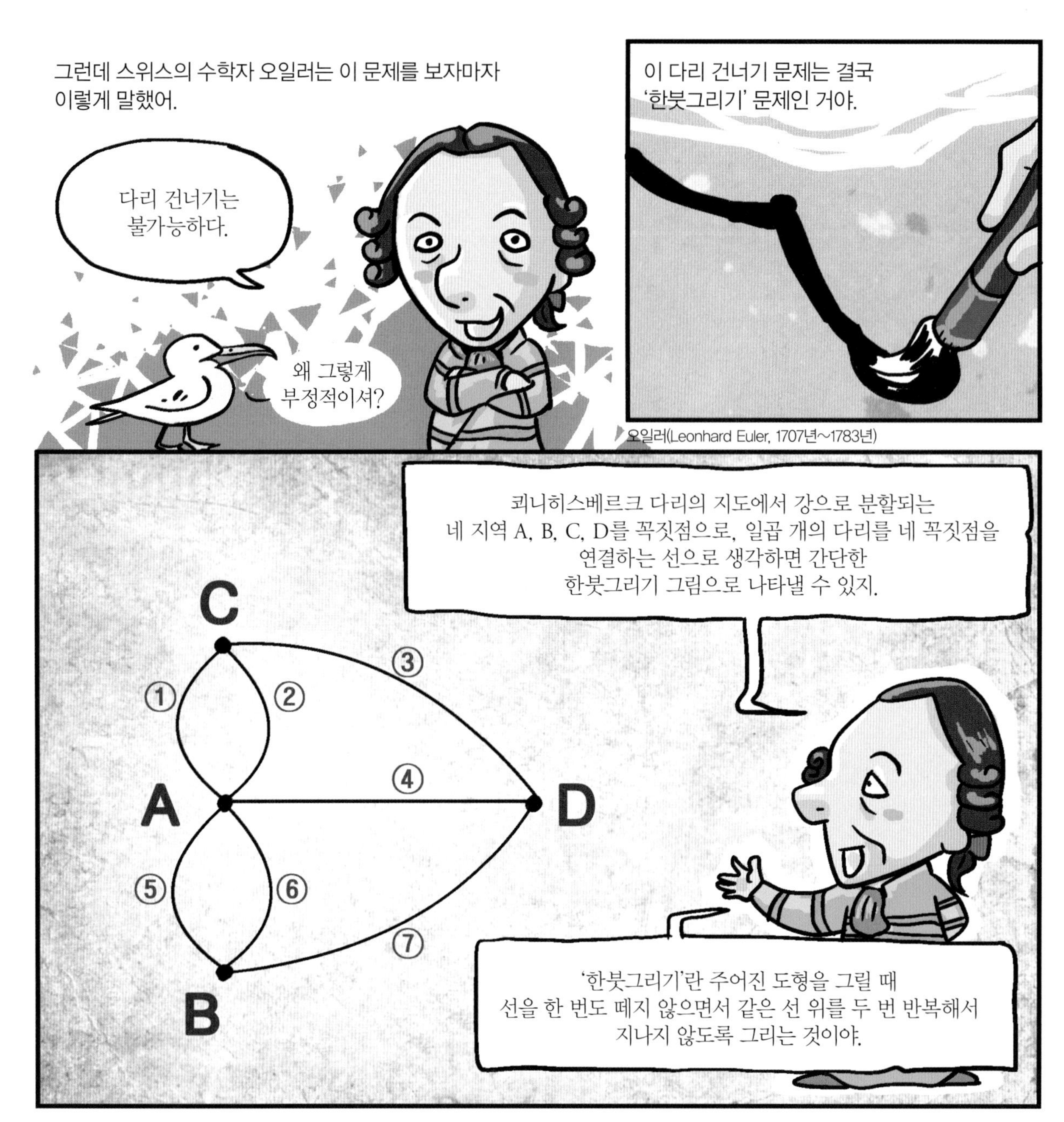

오일러(Leonhard Euler, 1707년~1783년)

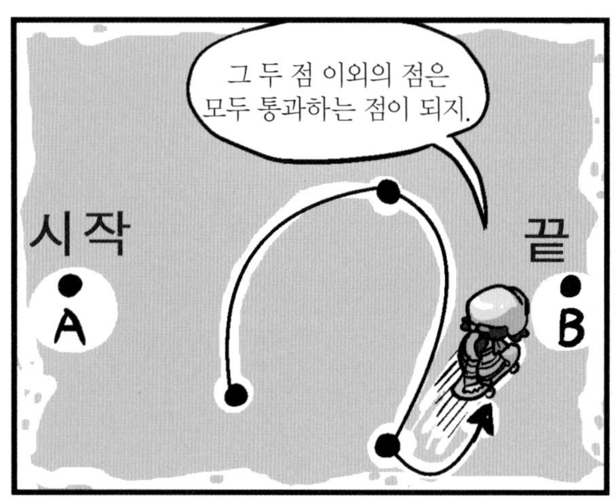

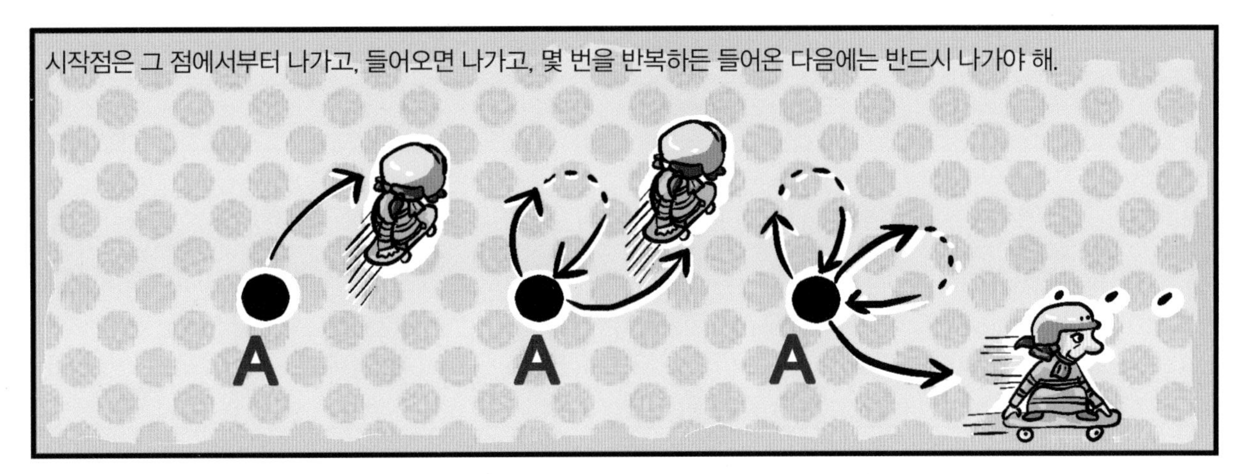
시작점은 그 점에서부터 나가고, 들어오면 나가고, 몇 번을 반복하든 들어온 다음에는 반드시 나가야 해.
A
A
A

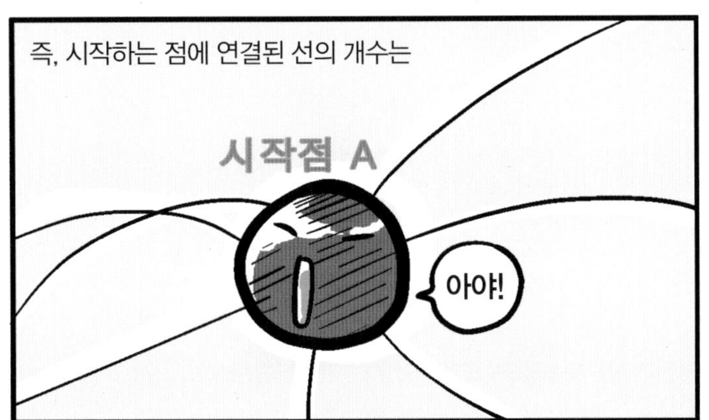
즉, 시작하는 점에 연결된 선의 개수는
시작점 A
아야!

홀수 개가 되지.
1 . 3 . 5 . 7
점프

끝나는 점은 반대로 몇 번을
반복하든 나간 다음에는
반드시 들어와야 하는데,
B
B
B
아고~

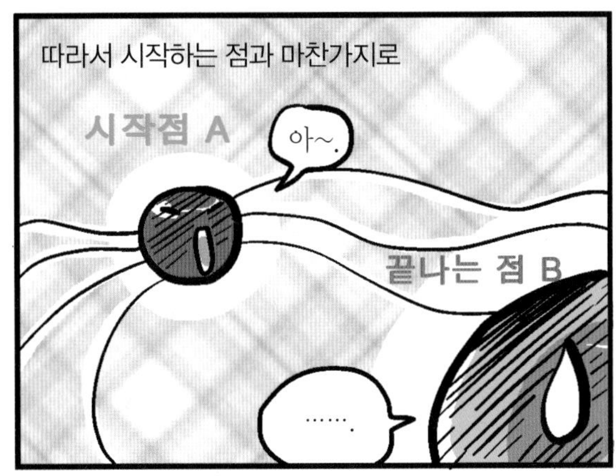
따라서 시작하는 점과 마찬가지로
시작점 A
아~.
끝나는 점 B
…….

이 점에 연결된 선의 개수는 홀수 개가 된단다.
끝나는 점 B
아오~!
핑
따끔

만일 시작하는 점과 끝나는 점이
같은 경우에는 그 점에서
나가고 들어오고를 반복하게 되어

그 점과 연결된 선의 개수는 짝수 개가 되지.
2 . 4 . 6 . 8 · · ·
짝이래.
부러워.
←모태솔로들

결국 한붓그리기에서는 점과 연결된 선의 개수가
홀수인가 짝수인가가 중요한 핵심이 된단다.
홀, 짝, 홀, 짝…….
빨리 해!

이처럼 다리 문제를 전혀
관계없어 보이는
'점과 직선의 문제'로 바꾼 것!

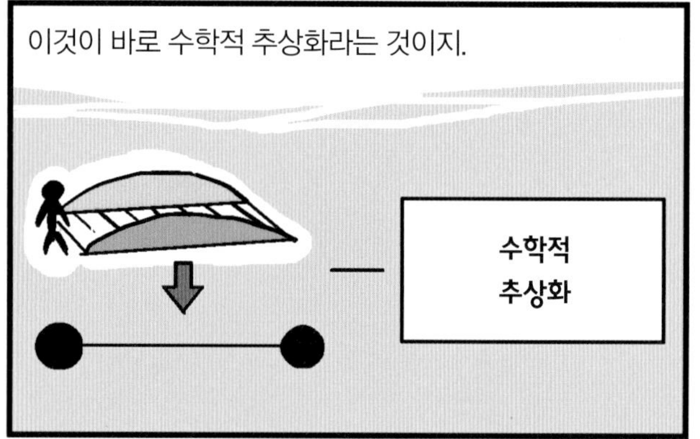
이것이 바로 수학적 추상화라는 것이지.
수학적
추상화

한붓그리기는
그래프이론의
시작이야.
바이~

그래프(Graph)는
몇 개의 점과 그 점들을
잇는 선으로 이루어진
도형이지.
가
마
나
라
다

문제를 풀기 위해

모든 경우의 그림을 다 그릴
필요가 없이

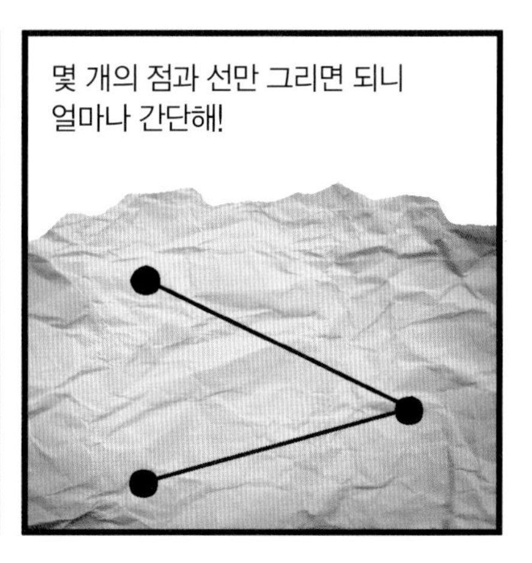
몇 개의 점과 선만 그리면 되니
얼마나 간단해!

이처럼 추상화는 수학의 무게를 가볍게 하는 과정이야.
가벼워야
더 높은 곳까지
도달할 수 있다고.
수학

수학이 발달할수록 설명하는 말은 점점 사라지고
수학
후욱
말하고 싶다.

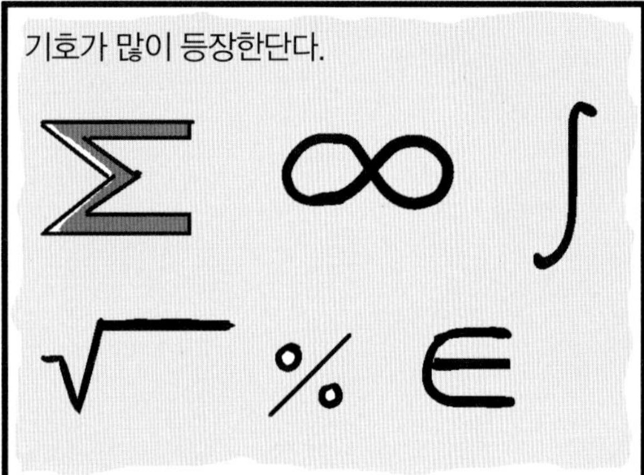
기호가 많이 등장한단다.
Σ ∞ ∫
√ % ∈

오늘날 해마다 새로 발견되는 수학 이론이 약 30만 개에 이른다고
하는데,
30만 개!
수학이론

이걸 후세에 전달하려면 무게를 줄일
수밖에 없겠지?
수
학
후손을
위해서라면…….

바스카라(Bhaskara, 1114년~1185년)

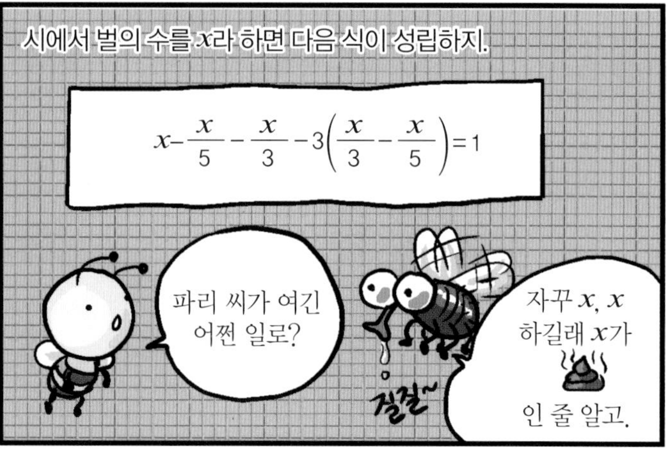

사실 이것은
일차방정식 문제야.

그리고 이 방정식의 해(미지수의 값)를 구하면 x=15, 즉 벌은 모두 15마리가 되지.

어느 것이 간단할까?
주저리주저리…….
x=?

무게를 줄인 것이 훨씬 간단해 보이지?
이거 한 장이면 되죠?
수표

여러분이 현재 풀고 있는 대부분의 문제는 이처럼 무게를 줄인 것이란다.
쏙~.
수학 문제

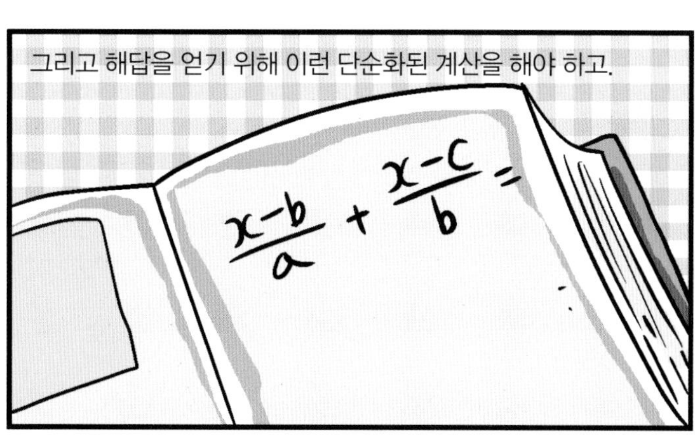
그리고 해답을 얻기 위해 이런 단순화된 계산을 해야 하고.
x-b/a + x-c/b =

이제 수학을 왜 배우고, 지루한 계산을 왜 해야 하는지 좀 이해가 되지?
하암.
수면제는 분명
이 수학 공식으로
만든 걸 거야.

종이접기에도 수학이 있다!

다들 종이접기가 뭔지 알지? 종이를 접거나 자르거나 풀로 붙여서 어떤 형태를 만드는 종이접기 놀이는 누구나 즐기는 활동이지. 집중력과 섬세한 손놀림을 요구하기 때문에 두뇌 활동을 자극하는 효과가 있다고도 해. 또 창조성이 뛰어나서 종이를 접는 동안에 더 많은 생각을 하게 되고 그럼으로써 다시 새로운 것을 만들어 낼 수 있는 능력을 길러 주는 놀이란다.

종이접기는 우리 주변에서 쉽게 볼 수 있어. 예를 들어 상차림을 할 때 냅킨을 보기 좋게 접어 놓는 것도 종이접기이고, 이 밖에도 집 안을 꾸미고 장식할 때 많이 응용되지. 과학적 종이접기도 있어. 원래 크기의 $\frac{1}{60}$ 정도로 접혀져 있다가 0.1초 안에 순간적으로 펴지는 자동차의 에어백이 대표적인 예고, 단백질의 구조를 연구하는 데도 종이접기가 응용된단다. 인공위성이 우주에 도달해 태양전지판을 넓게 펼치는 것 역시 종이접기를 응용한 거야.

이런 일도 있었어. 미국항공우주국(NASA)에서는 태양계 밖의 별들까지 관찰할 수 있는 직경 35m의 초대형 우주망원경을 설계했는데, 이렇게 큰 망원경을 어떻게 우주까지 운반할 것인가 하는 문제에 부딪혔지. NASA로서는 직경 35m 이상의 망원경을 우주로 운반할 수 있는 장비나 기술이 없었으니까. 연구진은 종이접기에서 영감을 받아 망원경을 접어서 우주로 운반하자는 아이디어를 내놓았어. 결국 NASA는 거대한 허블망원경을 72조각으로 만든 다음, 경첩으로 연결해 종이처럼 접어서 우주로 운반하는 데 성공했단다. 초대형 망원경을 접는 데 이용된 기술은 로버트 랭(Robert J. Lang)이 개발한 '트리메이커(TreeMaker)'인데, 이것은 종이접기를 수학 알고리즘으로 바꿔 실제 종이가 아닌 컴퓨터로 종이접기를 설계할 수 있도록 만든 소프트웨어야.

오늘날 수학자들은 여러 가지 방법으로 종이접기를 이용하고 있는데, 평평한 정사각형 종이를 접는 방법을 연구하고 분석하여 그래프 이론, 조합 이론, 최적화 이론, 테셀레이션, 프랙털, 위상수학 그리고 슈퍼컴퓨터에 응용하고 있어. 특히 종이접기에

는 유클리드 기하학적인 모양이나 특성이 많이 들어 있는데, 삼각형, 다각형, 합동, 비율과 비례, 접는 선에 나타난 대칭과 닮음 등이 그것이야.

이렇게 종이를 접어서 수학을 찾아내기도 하지만, 특히 종이를 길게 잘라 띠를 만들면 뫼비우스의 띠라는 새로운 수학과 만날 수 있단다. 뫼비우스의 띠는 수학의 기하학과 물리학의 역학이 관련된 곡면으로, 경계가 하나밖에 없는 2차원 도형이야. 즉, 안과 밖의 구별이 없지. 이 띠는 1858년에 뫼비우스(August Ferdinand Möbius)와 요한 베네딕트 리스팅(Johann Benedict Listing)이 서로 독립적으로 발견했어. 이 띠를 만든 뫼비우스는 대중적인 천문학 논문인 '핼리혜성과 천문학의 원리'뿐만 아니라 정역학, 천체역학과 관련된 다양한 논문을 발표한 천문학 교수였는데, 오늘날 그는 뫼비우스의 띠로 더 유명하지. 종이를 길게 잘라서 띠를 만든 후 종이 띠의 양 끝을 그냥 풀로 붙이면 도넛 모양의 토러스가 되는데, 한 번 꼬아 붙이면 뫼비우스의 띠가 된단다.

수학자와 과학자들은 별 볼일 없어 보이던 19세기의 뫼비우스의 띠가 지닌 무한한 가능성을 인식하고 이 단순한 띠에 관한 연구를 계속하고 있어. 2007년 영국의 과학자들은 뫼비우스의 띠를 만들 때 가로와 세로의 길이 비율에 따라 띠의 모양이 규칙적으로 달라지는 것을 수학적으로 공식화한 방정식을 만들었지. 이들은 띠를 만드는 직사각형의 길이에 따라 달라지는 '에너지 밀도'가 띠의 모양에 영향을 준다는 사실을 밝혀내고 이를 공식으로 나타낸 거야. 이와 같은 결과는 뫼비우스의 띠처럼 꼬인 물체의 잘 찢기는 부분을 예측하거나 화학, 양자물리학과 나노테크놀로지를 이용해 새로운 약이나 구조를 만드는 분야에 다양하게 활용될 수 있어. 구시대의 유물 또는 한갓 심심풀이 정도로만 알고 있던 뫼비우스의 띠에 첨단과학의 비밀열쇠가 숨어 있다는 것을 밝히는 수학의 힘이 놀랍지 않니?

2장 수학은 어떻게
시작되었을까?

수학은 누적적 학문이라고 해.
累積的

누적적이라는 것은 차곡차곡 쌓아 간다는 말이야.

수학은 가장 기초가 되는 산술과
기하 위에
산술
기하

'참'인 것들이 하나씩 하나씩
더해져서
참
참
산술
기하

오늘날과 같은 거대하고 방대한
학문이 되었단다.
학문

시작은 '수의 탄생'이야.

고대 인류는 양 한 마리와 양 여러 마리, 작은 물고기 한 마리와 큰 고래 한 마리를 구별할 수 있었지만,

양 한 마리와 물고기 한 마리, 고래 한 마리가 모두 같은 수라는 것은 알지 못했어.

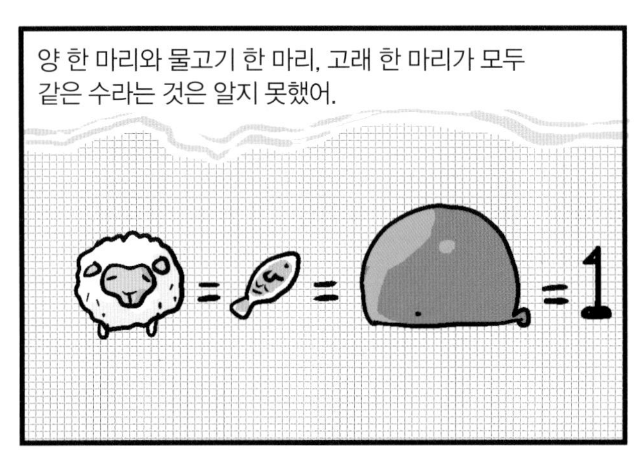

세월이 흘러 그들 사이에 같거나 비슷한 성질, 또는 다른 성질이 있다는 것을 알게 됐지.

양 한 마리, 사슴 한 마리, 말 한 마리는 모양과 크기는 다르지만 모두 개수가 '하나'라는 같은 성질이 있음을 알게 된 거야.

이렇게 수와 형태를 인식하면서부터 과학과 수학이 생겨났지.

고대 인류의 수에 관한 최초의 인식은 일대일 대응의 원리에 의해서였어.

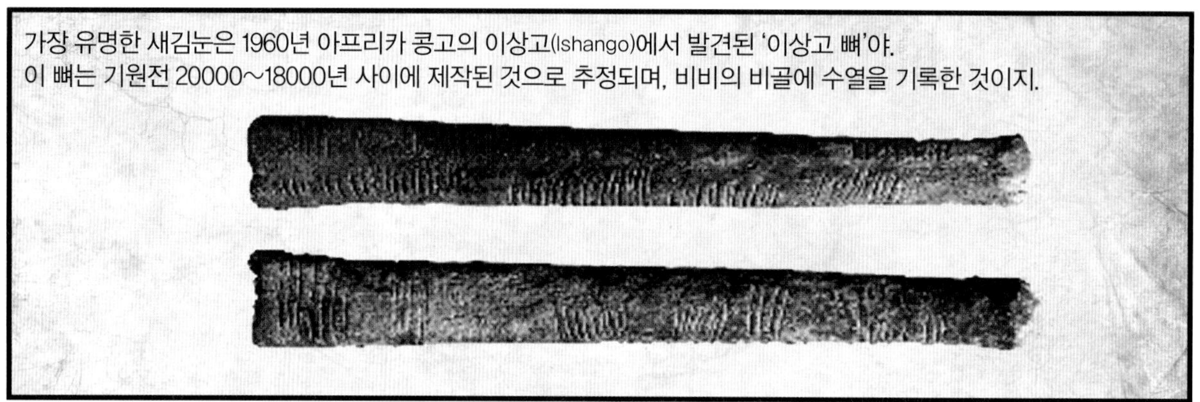

현재 벨기에 브뤼셀의 왕립 벨기에 자연과학 학술원 소장.

그리스어를 포함한 여러 언어에는 세 가지 구별법이 남아 있고,
하나, 둘, 둘보다 많은 것.

대부분의 언어에는 두 가지 구별이 있었지.
단수
복수

고대 인류는 맨 처음에는 둘까지만 세었고,
둘.

그보다 많은 개수에 대하여는 '많다'고만 했어.
많다! 많아!
안 먹어도 배부르다.

예를 들어 호주 퀸즈랜드의 원주민들은 수를 이렇게 셌어.
one, two, two and one, tow tows…….
그래서 누구야?

또 아프리카의 피그미족은 1, 2, 3, 4, 5, 6을 말할 때 이렇게 표현했지.
a, oa, ua, oa−oa, oa−oa−a, oa−oa−oa.
쟤 뭐래?
'맛있겠다'는 말이겠지.

또 호주와 뉴기니 사이에 사는 파푸아 원주민들은 이렇게 수를 셌어.
1을 우라펀(Urapun),
2를 오코사(Okosa),
3은 오코사 우라펀,
4는 오코사 오코사,
5는 오코사 오코사 우라펀,
6은 오코사 오코사 오코사와.

1부터 10까지 수를 세는 우리나라 고유의 수사는
하나, 둘, 셋, 넷, 다섯,
여섯, 일곱, 여덟, 아홉, 열.

언제부터 사용했는지 정확하게는
알 수 없지만,

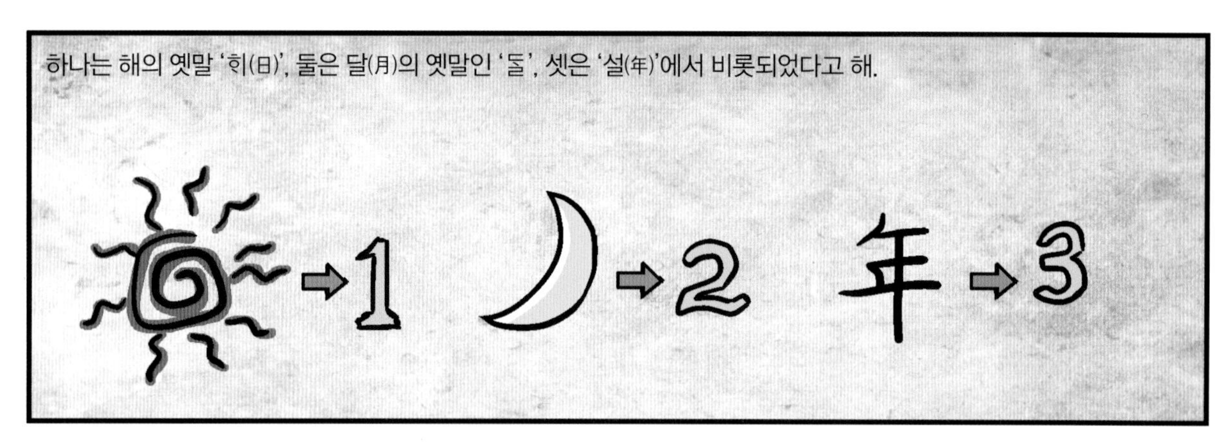
하나는 해의 옛말 'ᄒᆞ(日)', 둘은 달(月)의 옛말인 '돌', 셋은 '설(年)'에서 비롯되었다고 해.
1
2
年
3

다섯은 손가락을 하나씩 꼽으면서
셈을 하다 보면
하나, 둘……

다섯 번째에는 손가락이 모두
닫히기 때문에
……다섯.

'닫히다'에서 비롯되었고,
닫히다
다섯

열은 닫힌 손가락을 하나씩 펴 가다
일곱.

마침내 10이 되면 모두 열리기 때문에

'열리다'에서 비롯되었대.
열리다
열

일대일 대응의 원리에 의하여 시작된 수는 기호를 사용하여 표현하기 시작하며 매우 다양하게 발전했어.

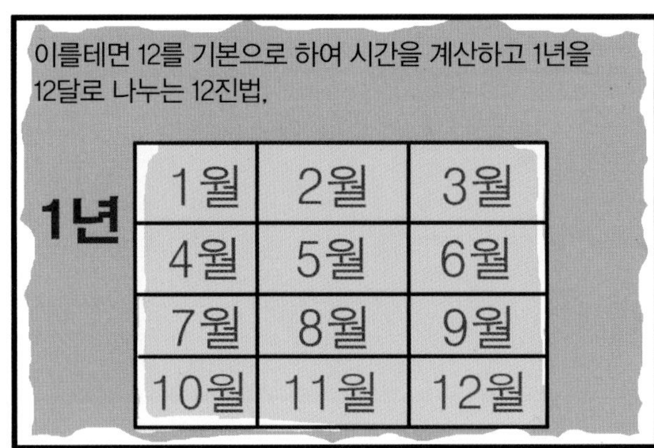
이를테면 12를 기본으로 하여 시간을 계산하고 1년을 12달로 나누는 12진법,
1년
1월 2월 3월
4월 5월 6월
7월 8월 9월
10월 11월 12월

1시간을 60분으로, 또 1분을 60초로 나누는 60진법,
1시간 = 60분
1분 = 60초

독일 농부들의 농사 달력에 쓰였던 5진법,
10진법의 수 117을 5의 단위로 풀면 이렇게 나타낼 수 있지.
117=4×5²+3×5¹+2×5⁰
이것을 오진법으로는 432(5)라 쓰고 '오진수 사삼이'라고 읽어.

현재 컴퓨터에서 사용되고 있으며 동양의 음양사상을 바탕으로 한 2진법,
앙-
이 녀석, 거북이들보다도 단단한걸.

그리고 우리가 오늘날 사용하고 있는 10진법 등이 있지.
0 1 2 3 4 5
6 7 8 9 10 11
… <10진법>
…….
우리의 손가락의 개수가 7개나 9개였다면 아마도 7진법이나 9진법을 쓰고 있을지도 몰라.

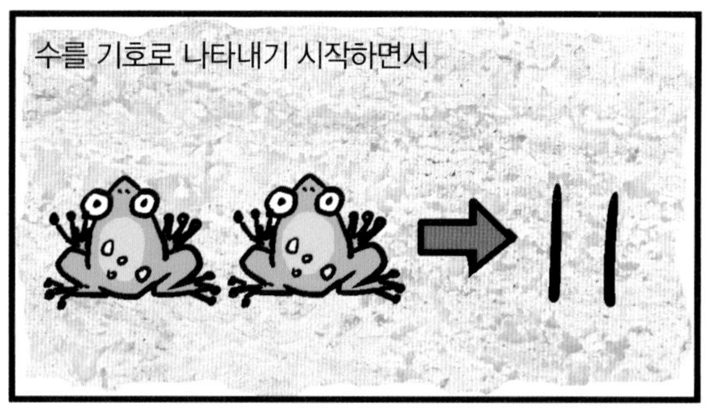
수를 기호로 나타내기 시작하면서

수에 대한 자릿값을 계산하는 방법이 발전하기 시작했어.
10, 11은 어떻게 표현하지?
……?

바빌로니아 사람들은 0에서 59까지의 숫자를 단 두 개의 숫자, 즉 1은 Y, 10은 1의 기호를 옆으로 누인 <으로 표기했어. 이것을 쐐기문자라고 해.
진짜 쐐기는 이거라고!
이크, 넌 가짜야!

반면 이집트 사람들은 10진법을 사용했어. 이집트 사람들은 수를 표현하는 기호(숫자)를 가지고 있어서, 바빌로니아 사람들과는 다르게 혼동할 염려가 없었어.
∩점 만점에 ∩점~!
척-
^^

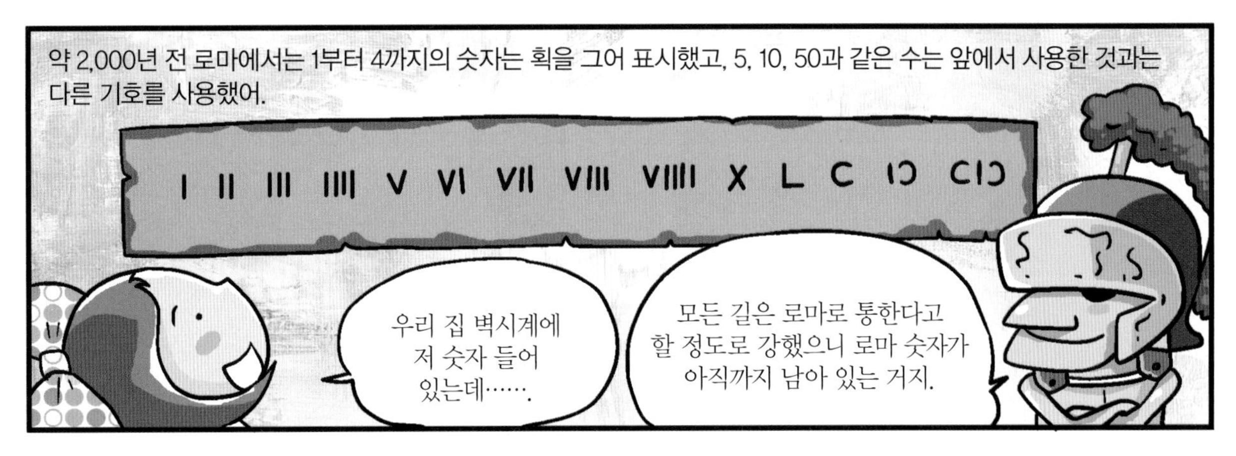

단순 그루핑법(simple grouping systems)

승법적 그루핑법(multiplicative groupings systems)

알-콰리즈미(Muhammad ibn Mūsā al-Khwārizmī)

인도의 숫자가 스페인에 처음 전해진 것은 11세기경의 '고바르 숫자'였어.

지금의 숫자와 거의 똑같네.

고바르 숫자(Ghobar numerals)

각 지역에서 숫자가 사용되면서부터 계산의 방법,
즉 산술도 날로 발전하게 되었어.
21
+6
27
일 원이요,
이 원이요…….

산술은 고대 인류의 문명을 발전시키는 기초가
되었지만
고대문명
산술

산술만으로는 지금과 같은 문명으로 발전될 수
없었을 거야.
현대문명
아흑.
산술→

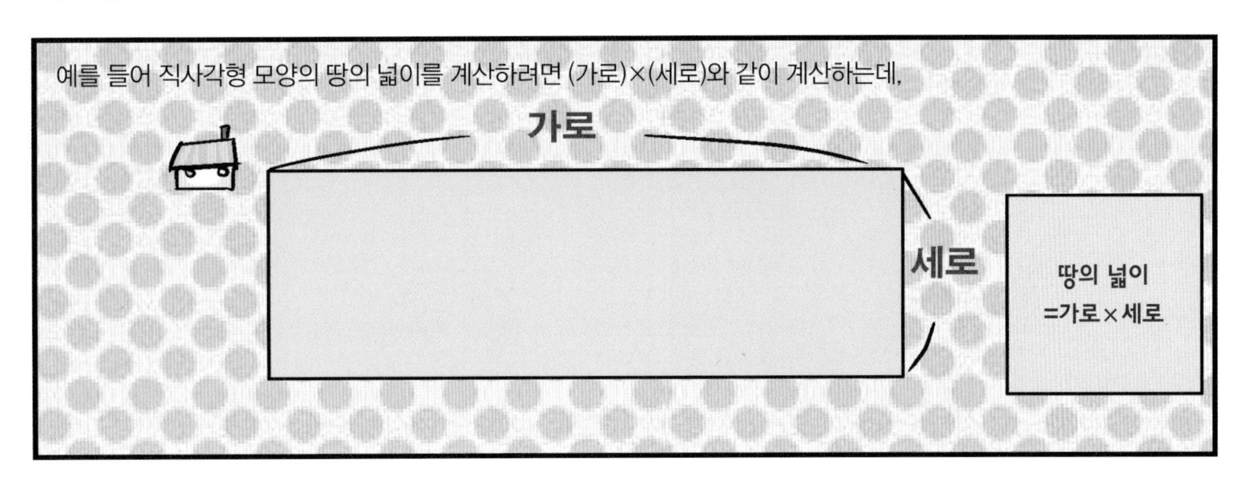
예를 들어 직사각형 모양의 땅의 넓이를 계산하려면 (가로)×(세로)와 같이 계산하는데,
가로
세로
땅의 넓이
=가로×세로

왜 그렇게 계산해야 하는지를 알아야 했어.
WHY?!

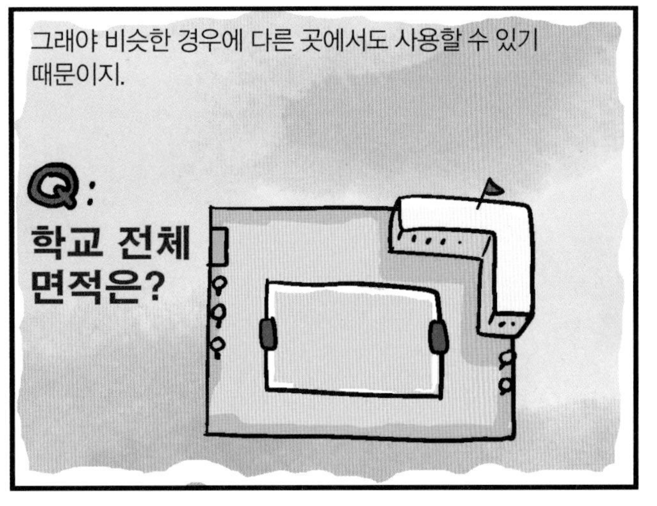
그래야 비슷한 경우에 다른 곳에서도 사용할 수 있기
때문이지.
Q:
학교 전체
면적은?

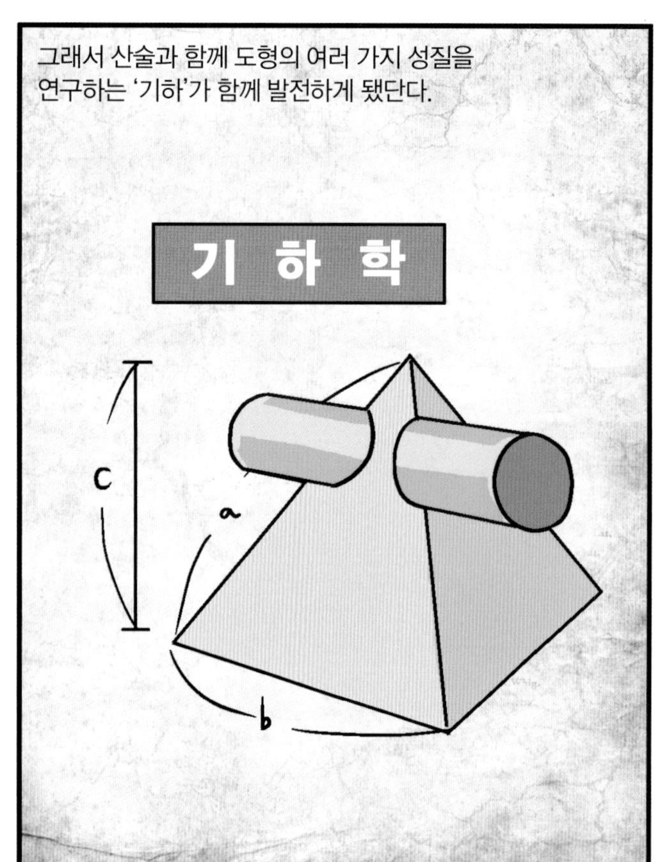
그래서 산술과 함께 도형의 여러 가지 성질을
연구하는 '기하'가 함께 발전하게 됐단다.
기 하 학
c
a
b

고대 농업국이었던 이집트, 바빌로니아,
중국은 세금을 매기기 위해서나,
당신 땅 크기가 어떻게 돼?
지구의 면적과 같지.

신전을 짓기 위해 토지를 측량하는 기하가
일찍부터 발달했지.

옛날에는 농지의 모양이 여러 가지여서
이랴~.
이 일 관두고 싶어.

땅의 넓이를 정확하게 측량하는 방법이 매우 중요했어.

또 광활한 사막에 거대한 신전을 세우는 일은 대단히 정교한 작업이었기 때문에 뛰어난 수학적 지식이 필요했지.
저 노인은 누구인가?
공사감독이온데, 20년째 뭔가를 바닥에 쓰고 있습니다.
이상하게 딱 안 떨어져.

기원전 약 2500년경 이집트 카이로의 나일 강 서쪽에 위치한 도시 알지자 근처에 건축한 쿠푸왕의 대피라미드는 2.5t 내지 10t의 화강암 약 230만 개로 쌓아 올렸고, 밑면의 네 변의 평균 길이가 230.4m, 높이는 147m에 달해. 쿠푸왕의 피라미드는 세계 7대 불가사의로 꼽히는 어마어마한 건축물이지.

147m

230.4m

왕 하나의 무덤이 국립묘지만 하군.

알지자(Al-Jizah, 기자 또는 기제라고도 함)

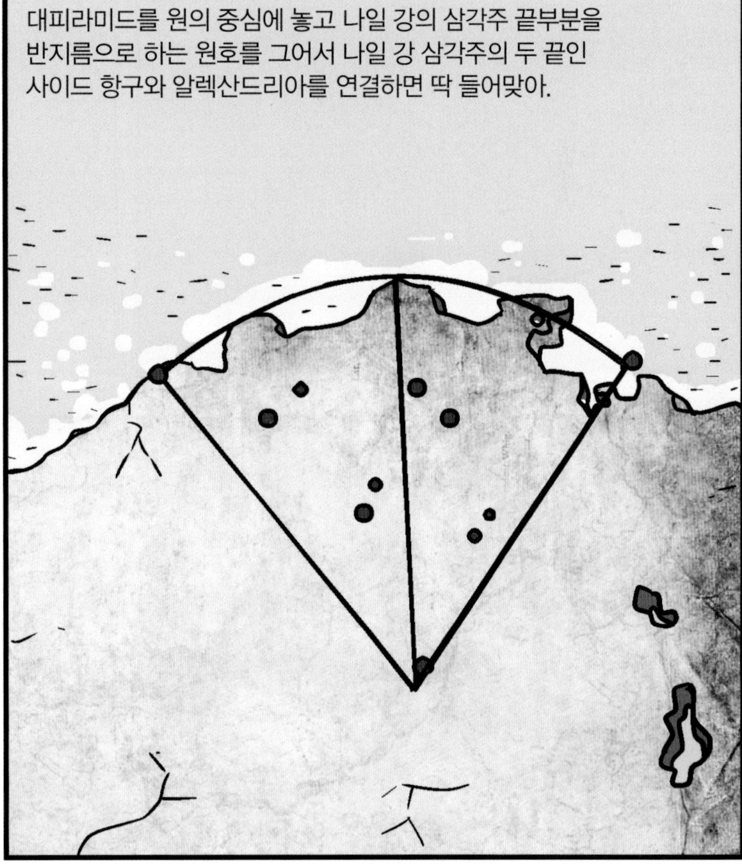

원호: 원둘레 또는 기타 곡선 위의 두 점에 의하여 한정된 부분.

이것은 고대 이집트인들이 피라미드를 자신들이 생각하는 세계의 중심에 건설하겠다는 의지의 표현이 아닐까?
세계 중심

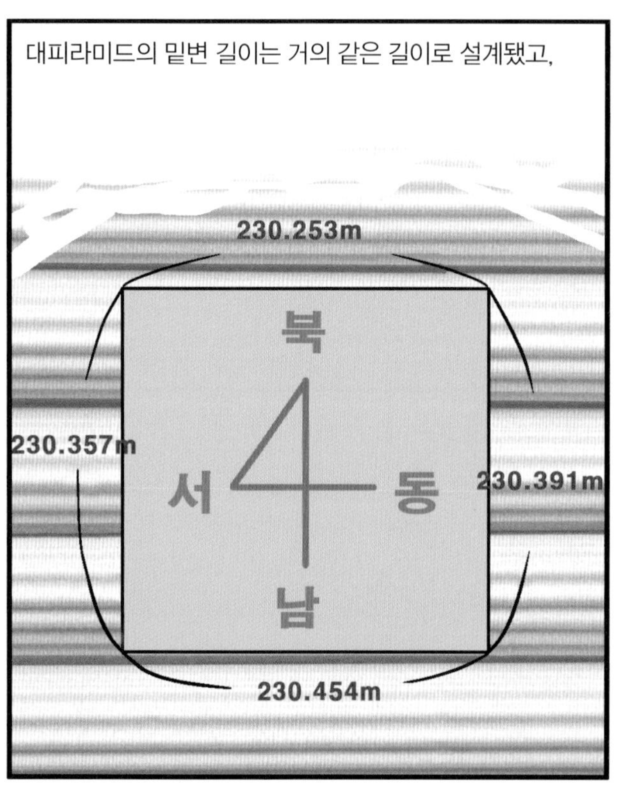
대피라미드의 밑변 길이는 거의 같은 길이로 설계됐고,
230.253m
230.357m
230.391m
230.454m
북
서
동
남

또 피라미드의 밑면을 이루는 사각형은 네 각이 모두 거의 90°를 이루고 있어.
각도의 오차는 진북에서 약 $\frac{1}{12}$.

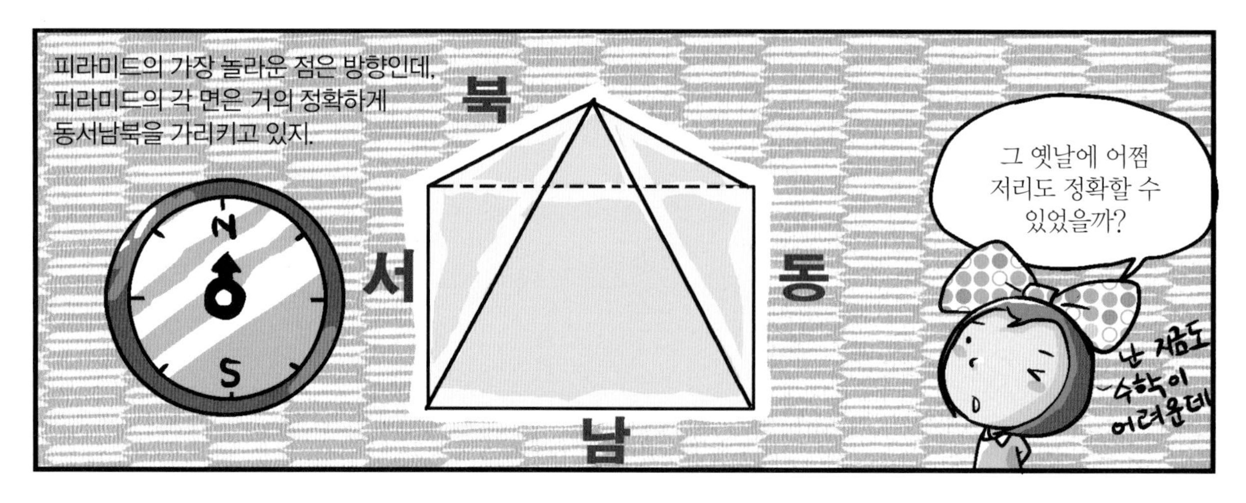
피라미드의 가장 놀라운 점은 방향인데, 피라미드의 각 면은 거의 정확하게 동서남북을 가리키고 있지.
북
서
동
남
N
S
그 옛날에 어쩜 저리도 정확할 수 있었을까?
난 지금도 수학이 어려운데

그들이 직각을 그릴 때 사용한 방법은 바로 작도야.
작도.
그건 작두야!

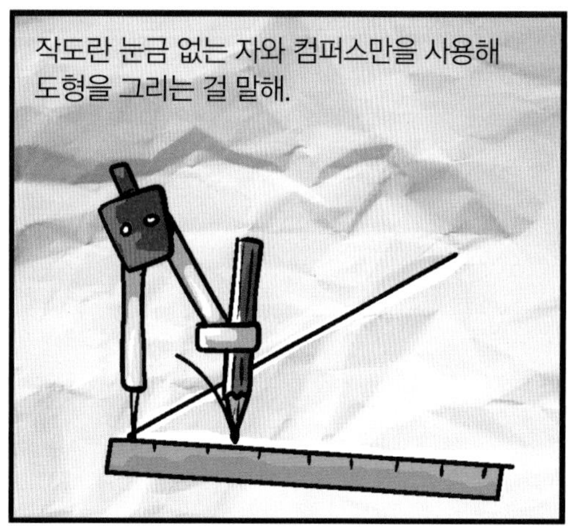
작도란 눈금 없는 자와 컴퍼스만을 사용해 도형을 그리는 걸 말해.

그러나 그것들로 각 변의 길이가 약 230m나 되는 커다란 정사각형을 정확하게 그린다는 것은 불가능해.
이럴 땐 포기해도 되는 거야.
배추 한 포기.
풀썩-

고대 이집트의 측량 기술자들이 사용한 컴퍼스는 말뚝과 긴 줄이었어.

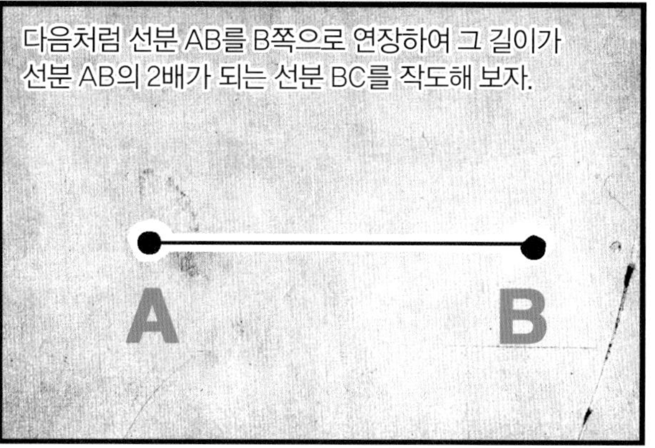
다음처럼 선분 AB를 B쪽으로 연장하여 그 길이가 선분 AB의 2배가 되는 선분 BC를 작도해 보자.
A
B

① 먼저 긴 줄을 팽팽하게 잡아 선분 AB를 점 B의 방향으로 연장한 후 줄을 따라 직선을 그어.
A
B

② 말뚝을 점 A에 박고 긴 줄을 묶어 점 B까지 늘인 후 점 A에서 점 B까지의 길이를 줄에 표시해.
A
B
말뚝 빨리!
쾅
쾅
넵!

③ 점 A에 박았던 말뚝을 제거하여 점 B에 놓은 후, 선분 AB의 길이를 반지름으로 하는 원을 그려 선분 AB의 연장선과 만나는 점을 D라고 하자.
A
B
D
말뚝 빨리!
으윽~!

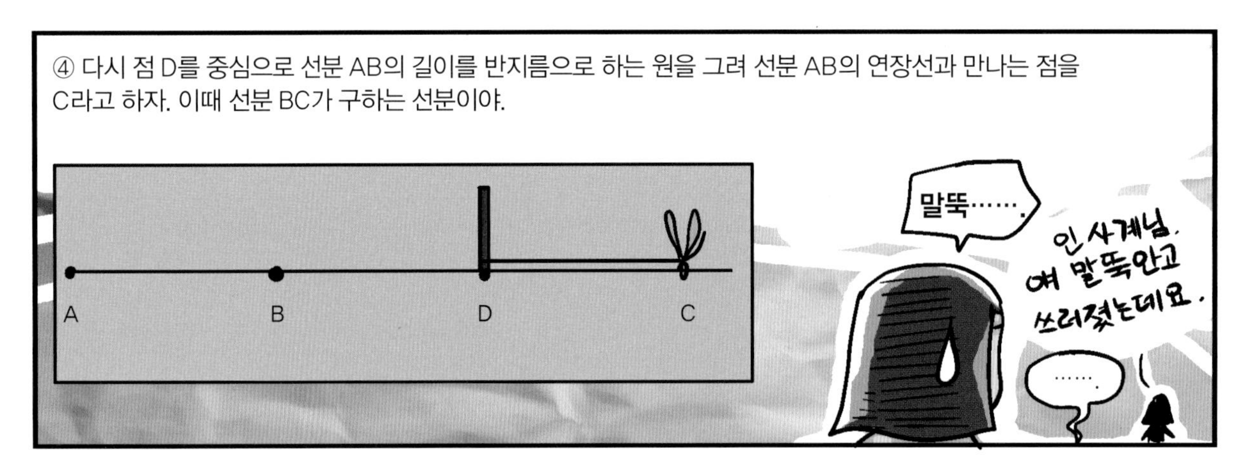
④ 다시 점 D를 중심으로 선분 AB의 길이를 반지름으로 하는 원을 그려 선분 AB의 연장선과 만나는 점을 C라고 하자. 이때 선분 BC가 구하는 선분이야.
A
B
D
C
말뚝…….
인사계님, 여 말뚝안고 쓰러졌는데요.
…….

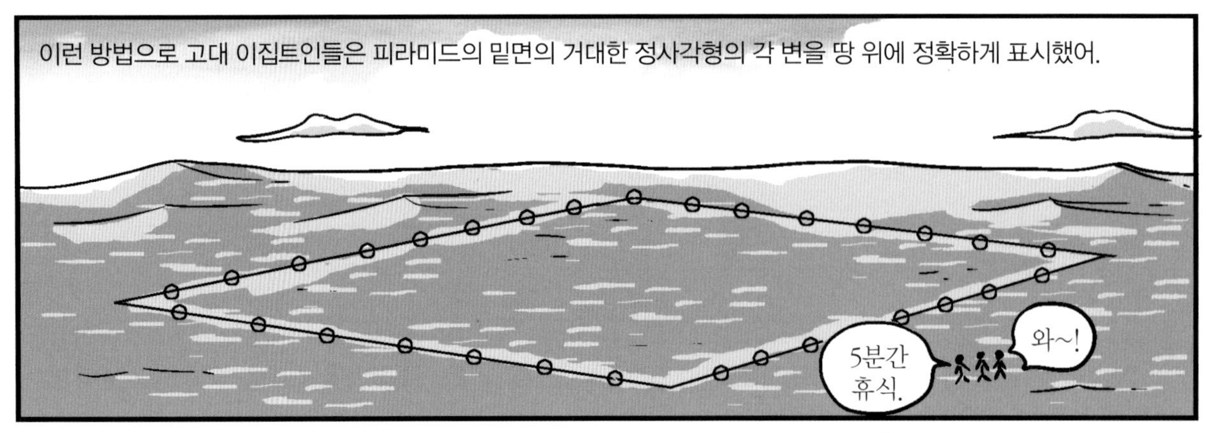
이런 방법으로 고대 이집트인들은 피라미드의 밑면의 거대한 정사각형의 각 변을 땅 위에 정확하게 표시했어.
5분간 휴식.
와~!

그리고 변을 연장하여 말뚝과 줄을 이용하여 다음과 같이 선분 AB의 연장선에 직각인 선분 CD를 작도했지.
A
B
그동안 잘 쉬었나?
화장실도 다녀오고?
네—

① 점 A에 말뚝을 고정하고 줄을 늘어뜨려 반지름의 길이가 선분 AB의 반보다 큰 원을 그려.
A
B
줄! 큰 원을 그린다!
빨리!

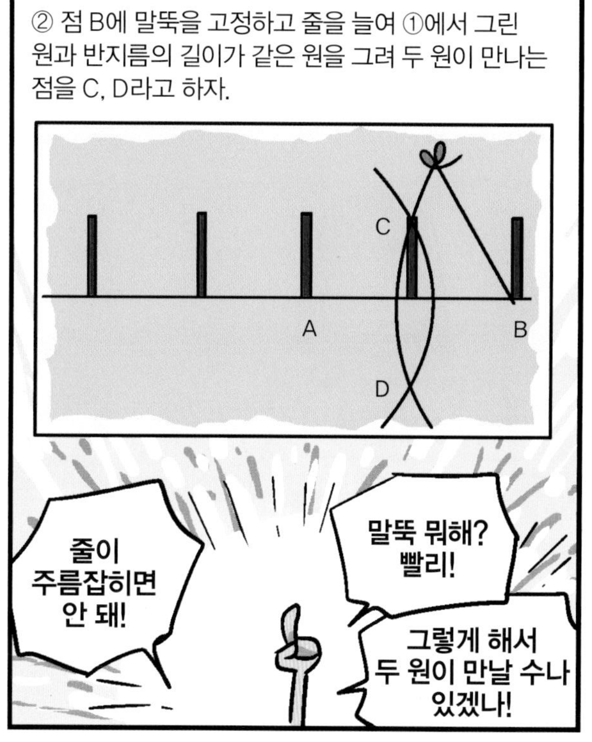

② 점 B에 말뚝을 고정하고 줄을 늘여 ①에서 그린 원과 반지름의 길이가 같은 원을 그려 두 원이 만나는 점을 C, D라고 하자.
C
A
B
D
줄이 주름잡히면 안 돼!
말뚝 뭐해? 빨리!
그렇게 해서 두 원이 만날 수나 있겠나!

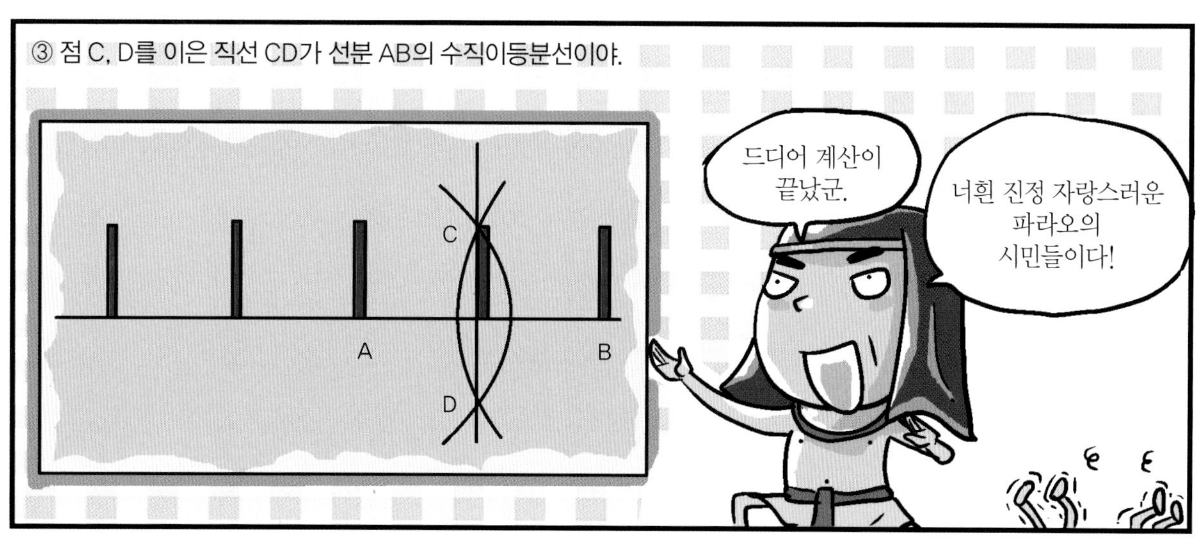

③ 점 C, D를 이은 직선 CD가 선분 AB의 수직이등분선이야.
C
A
B
D
드디어 계산이 끝났군.
너흰 진정 자랑스러운 파라오의 시민들이다!

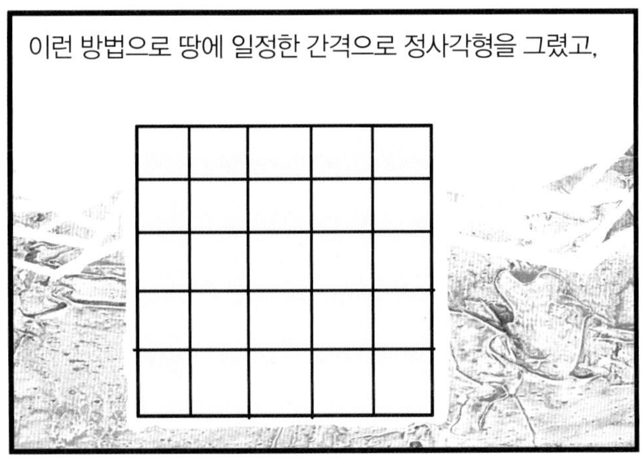

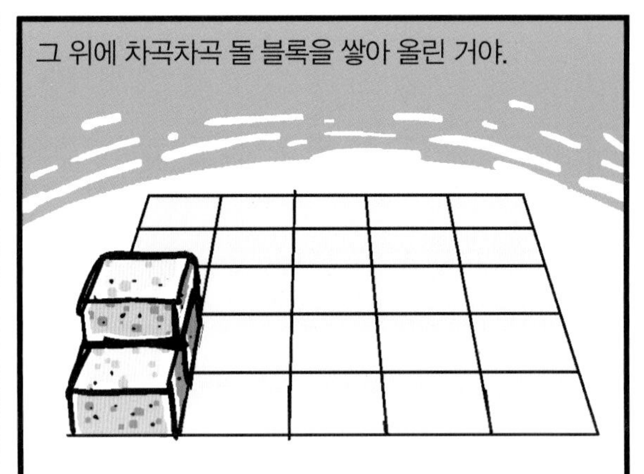

피라미드를 건설하기 이전의 이집트 선조들은 매듭을 사용하여 길이를 정한다거나 그림자의 위치와 길이를 짐작하여 시간을 정하는 것으로도 충분했지만,

그림자 길이를 보니 오후 3시경이로군.

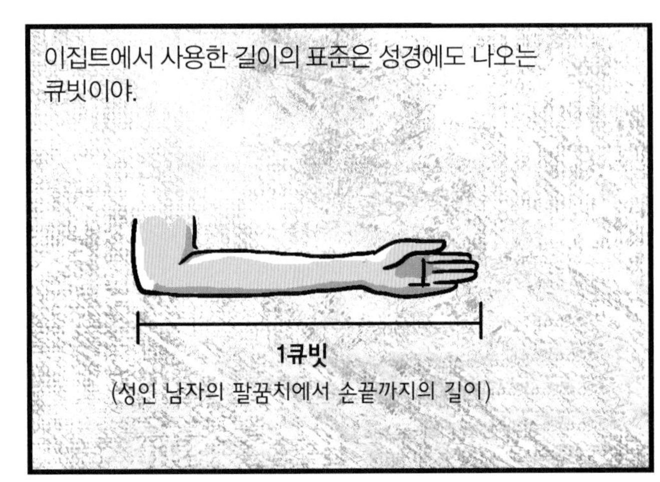

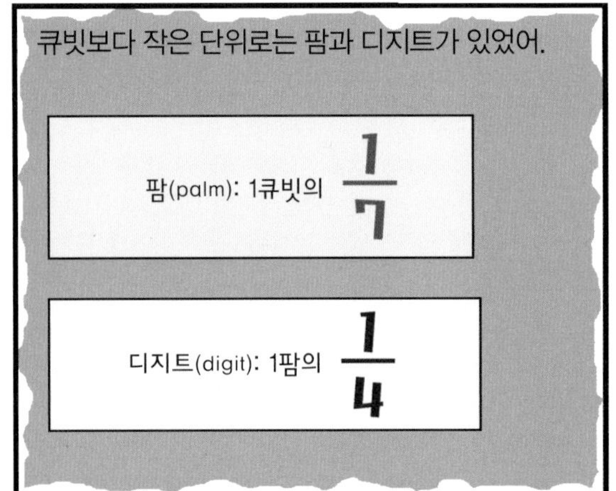

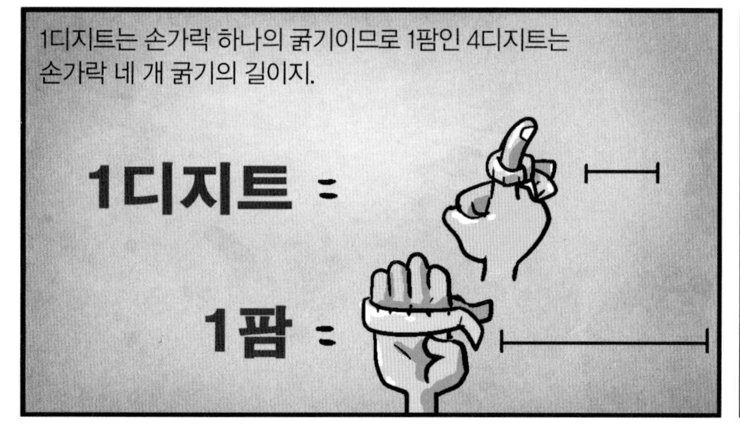
1디지트는 손가락 하나의 굵기이므로 1팜인 4디지트는 손가락 네 개 굵기의 길이지.
1디지트 =
1팜 =

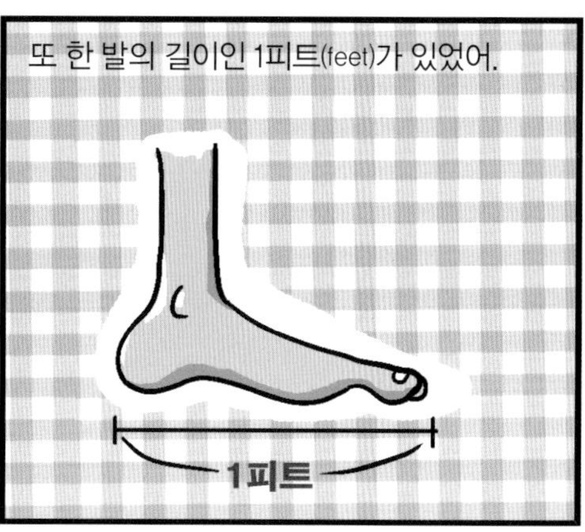
또 한 발의 길이인 1피트(feet)가 있었어.
1피트

이렇게 수학은 인류의 생활이 복잡해지며 더욱 발전했고,
포신의 길이와 포탄의 무게를 넣어서 사정거리를 계산하도록!

더 정밀하고 정확한 수학이 필요하게 되었지.

오늘날 사용되고 있는 큰 단위는 메가(10^{6}), 기가(10^{9}), 테라(10^{12})가 있고, 작은 단위는 마이크로(10^{-6}), 나노(10^{-9}), 피코(10^{-12})가 있어.
10^{6}은 10을 여섯 번 곱한다는 뜻이고, 10^{-6}은 1을 10을 여섯 번 곱한 숫자로 나눈 수를 말해. 다시 말해 $\frac{1}{10^{6}}$이지.
M N G T P

미래에는 더 많은 단위들도 사용하게 될 거야.
페타(10^{15}), 엑사(10^{18}), 제타(10^{21}), 펨토(10^{-15}), 아토(10^{-18}), 젭토(10^{-21})
어지러워~.
미래라고 좋은 것만은 아니야.

특히 나노는 오늘날의 과학을 이끌어 가고 있지.
현대 과학
나노

나노(nano)는 난쟁이를 뜻하는 고대 그리스어인 나노스(nanos)에서 유래한 말로,
nanos
나노 (nano)

10억분의 1을 뜻하는 나노는 오늘날 아주 미세한 물리학적 계량 단위로 사용되고 있어.
나노세컨드(nanosecond)는 10억분의 1초, 나노미터(nanometer)는 10억분의 1미터.

나노 과학이 본격적으로 등장한 것은 1980년대 초 주사원자현미경이 개발되면서부터야.

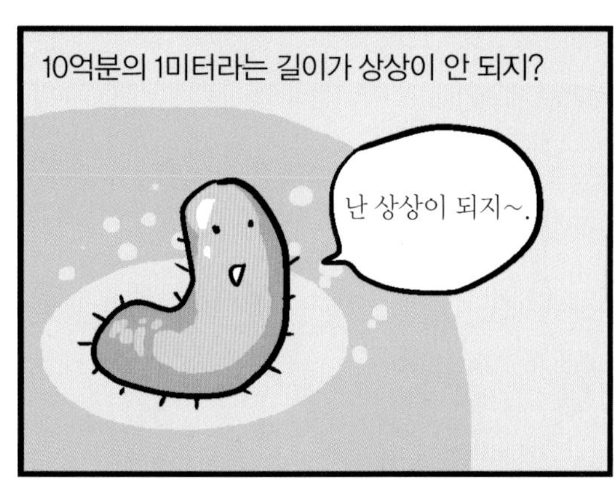
10억분의 1미터라는 길이가 상상이 안 되지?
난 상상이 되지~.

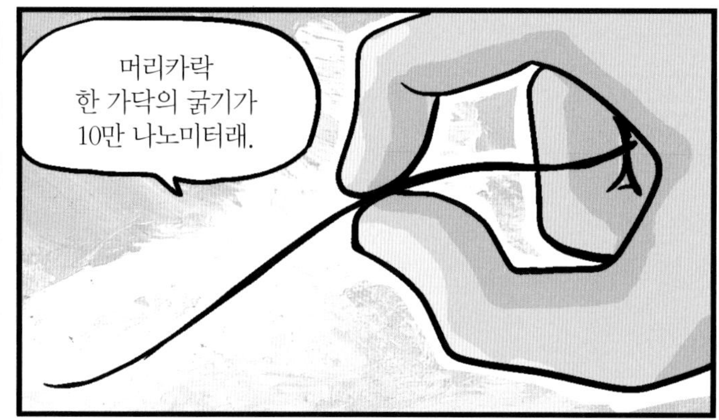
머리카락 한 가닥의 굵기가 10만 나노미터래.

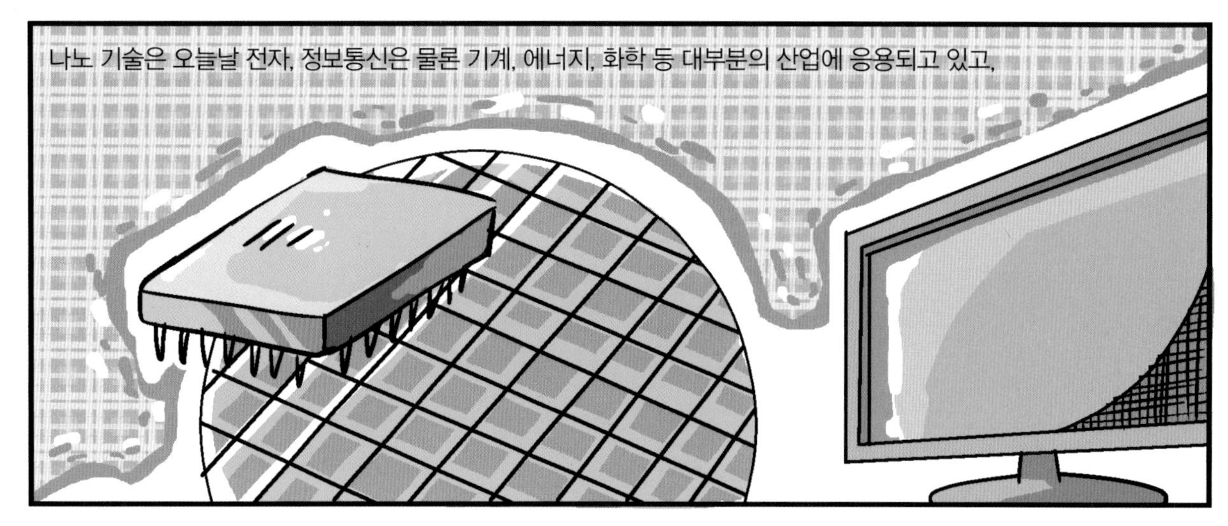
나노 기술은 오늘날 전자, 정보통신은 물론 기계, 에너지, 화학 등 대부분의 산업에 응용되고 있고,

10^n	접두어	기호	한글 명칭	십진수 표현
10^{24}	요타 (yotta)	Y	자	1,000,000,000,000,000,000,000,000
10^{21}	제타 (zetta)	Z	십해	1,000,000,000,000,000,000,000
10^{18}	엑사 (exa)	E	백경	1,000,000,000,000,000,000
10^{15}	페타 (peta)	P	천조	1,000,000,000,000,000
10^{12}	테라 (tera)	T	조	1,000,000,000,000
10^{9}	기가 (giga)	G	십억	1,000,000,000
10^{6}	메가 (mega)	M	백만	1,000,000
10^{3}	킬로 (kilo)	k	천	1,000
10^{2}	헥토 (hecto)	h	백	100
10^{1}	데카 (deca)	da	십	10
10^{0}	(없음)	(없음)	일	1
10^{-1}	데시 (deci)	d	십분의 일	0.1
10^{-2}	센티 (centi)	c	백분의 일	0.01
10^{-3}	밀리 (milli)	m	천분의 일	0.001
10^{-6}	마이크로 (micro)	μ	백만분의 일	0.000001
10^{-9}	나노 (nano)	n	십억분의 일	0.000000001
10^{-12}	피코 (pico)	p	일조분의 일	0.000000000001
10^{-15}	펨토 (femto)	f	천조분의 일	0.000000000000001
10^{-18}	아토 (atto)	a	백경분의 일	0.000000000000000001
10^{-21}	젭토 (zepto)	z	십해분의 일	0.000000000000000000001
10^{-24}	욕토 (yocto)	y	일자분의 일	0.000000000000000000000001

거미줄 같은 수학 매듭

날씨를 예상하기 어려웠던 옛날에는 동물들의 습성을 관찰하여 날씨를 가늠하는 경우가 많았는데, 그 가운데 "아침에 거미줄에 이슬이 맺히면 그날은 맑다."라는 게 있어. 거미는 습도가 약간 높을 때 거미줄을 치는 경향이 있는데, 습도가 높고 날씨가 좋은 날은 야간복사로 이슬이 맺히기 쉽기 때문에 이런 속설이 생겨났다고 해. 실제로 거미줄에 이슬이 맺히는 것과 날씨와의 관계를 조사한 결과에 따르면 맑은 날 56%, 구름 낀 날 28%, 비오는 날 16%라고 하니, 역시 맑을 확률이 훨씬 높지?

그런데 머리카락의 100분의 1에 불과한 거미줄에 어떻게 이슬이 미끄러지지 않고 방울져 매달릴 수 있을까? 2010년 2월 과학 잡지 「네이처(Nature)」는 표지에 '거미줄에 걸리다'라는 제목과 함께 그 비밀을 공개했어. 중국의 과학자들이 이 비밀을 밝혔는데, 유럽응달거미(Uloborus walckenaerius)의 거미줄을 분석한 결과 거미줄이 물에 젖으면 일정 간격으로 가닥의 일부가 꼬이며 200μm(마이크로미터, 1μm는 100만분의 1m) 크기의 마름모꼴 매듭이 지어지고, 이 매듭 때문에 물방울이 맺힌다는 거였지.

매듭은 젖은 거미줄과 같이 자연에서 찾을 수도 있지만 실생활에서도 흔히 사용되고 있어. 특히 우리나라에는 매우 다양한 매듭 방법이 전해 내려오고 있는데, 우리나라 전통매듭의 특징은 완성된 매듭의 앞면과 뒷면의 모양이 똑같고, 좌우는 대칭이 되며, 아무리 복잡한 매듭이라도 중심에서 시작하여 중심에서 끝난다는 거야.

수학에서는 줄의 양쪽 끝을 붙인 것을 매듭이라고 해. 수학에서 매듭 이론은 간단히 말하면 매듭의 교차점의 수에 따라 매듭을 분류하는 거야. 그런데 교차점의 수가 9개인 매듭은 수십 개 정도이지만 교차점의 수가 10개인 매듭은 수백 개가 되기 때문에 단순한 방법으로 이들을 분류하는 것은 불가능해. 매듭을 분류하기 위해서 가장 먼저 해야 할 일은 두 매듭이 어떤 경우에 같은 매듭인지를 정의하는 거야. 즉, 어떤 매듭이 3차원 실공간 안에서 자기 자신을 통과하거나 중간을 자르지 않고 조금씩 움직여서 다른 매듭으로 바뀔 수 있을 때, 처음 매듭과 나중에 만들어진 매듭은 같은

것으로 생각한다는 거지.

매듭 이론에서 가장 간단한 매듭은 꼬인 곳이 없는 매듭으로 다음의 왼쪽 그림과 같은 영매듭(또는 원형매듭, 풀린 매듭)이야. 다음 그림에서 영매듭 이외의 나머지 매듭은 모두 끈을 조금씩 움직이면 영매듭과 같은 매듭이 되므로 사실 이들은 모두 영매듭이란다.

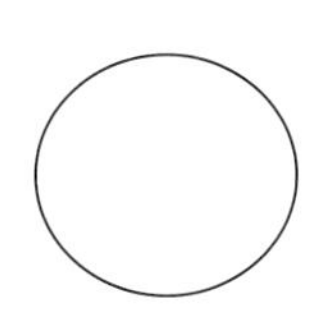

자명한 매듭인 영매듭

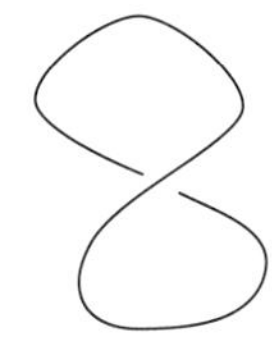

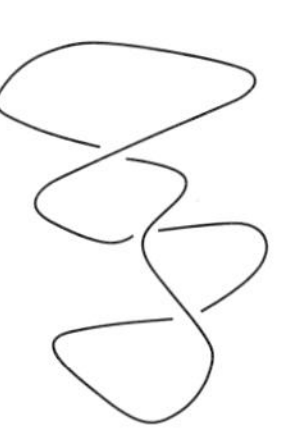

3차원 공간에서 꼬아 놓은 상태를 조금씩 움직이면 왼쪽의 영매듭이 된다.

오늘날 매듭은 DNA의 구조나 바이러스의 행동방식을 연구하는 데 중요하게 사용되고 있을 뿐만 아니라 마술 도구나 어린 아이의 지적 발달을 돕는 도구로도 사용되고 있어. 특히 매듭 이론은 선진국을 중심으로 지난 30년간 대단한 발전을 이루었으며 매듭을 연구하는 많은 수학자들이 수학의 노벨상이라는 필즈상을 받기도 했지.

필즈상은 국제 수학자 연맹이 4년마다 개최하는 국제 수학자 회의에서 40세 이하 수학자에게 수여하는 상.

3장 재미있는 숫자 이야기

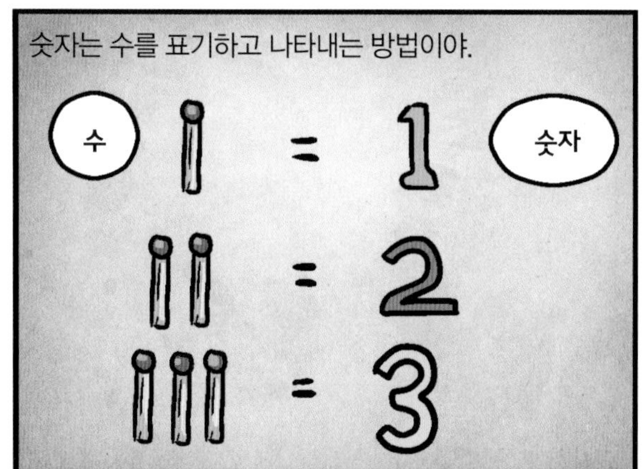

이 그림에는 사과 네 알이 있지.

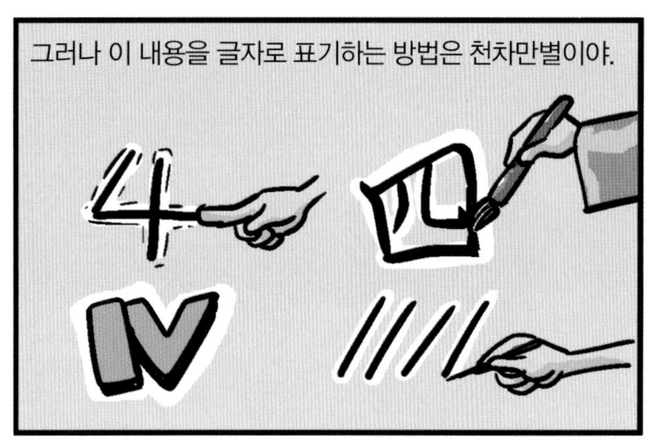
그러나 이 내용을 글자로 표기하는 방법은 천차만별이야.
4
四
IV
////

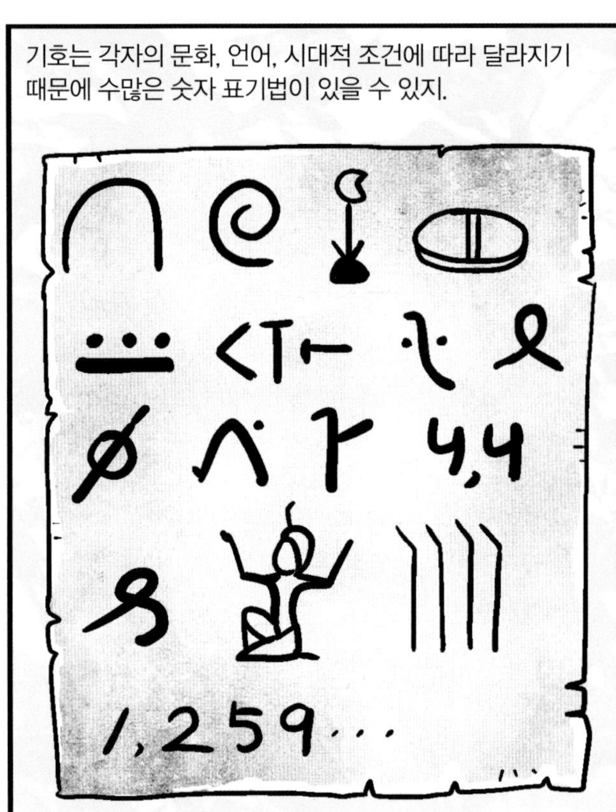
기호는 각자의 문화, 언어, 시대적 조건에 따라 달라지기 때문에 수많은 숫자 표기법이 있을 수 있지.
4,4
1,259...

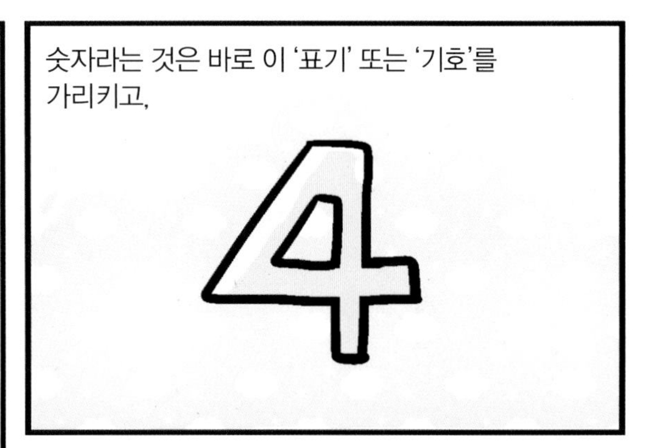
숫자라는 것은 바로 이 '표기' 또는 '기호'를 가리키고,
4

모두 4를 뜻한다는 것이 바로 '수'란다.
냠.

그럼 수 1부터 시작해 볼까?
빰빰

1은 근본적으로 '창조'를 나타내.
태초에 신이 아담을 창조하니…….
외로워~
신이여, 제 갈비뼈 전부를 모두 여자로 만들어 주소서.

피타고라스(Pythagoras, 기원전 569년경~기원전 497년경)

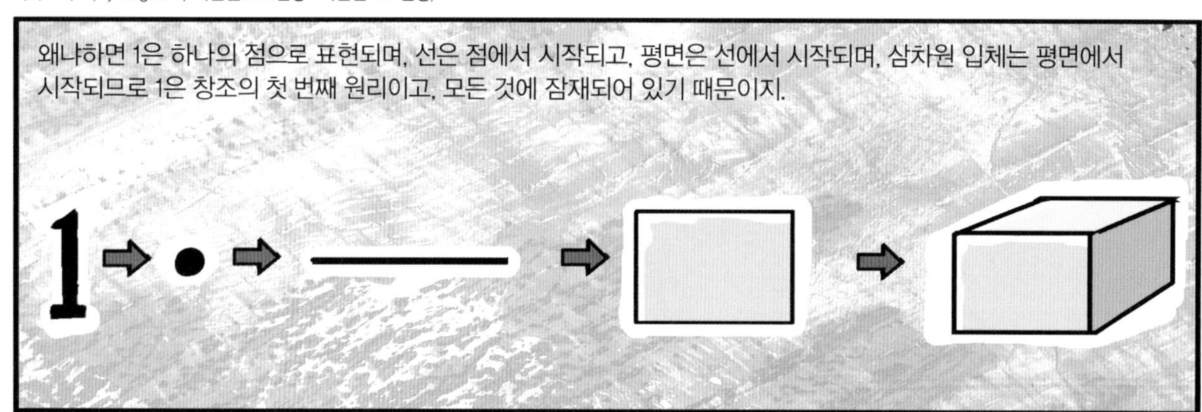

1의 첫 번째 원리는 빛과 공간과 시간과 힘이 모든 방향으로 고르게 펼쳐 나가는 거야.
빛
공간
시간
이것은 우주의 창조 과정을 기하학적으로 표현한 거라고 할 수 있어.

두 번째 원리는 정지해 있지 않은 원의 회전운동이야.

회전운동에 의해 일정한 주기가 생기고, 우주의 모든 것은 일정한 주기를 가지고 있기 때문이지.

마지막 세 번째 원리는 원의 넓이와 관련이 있어.
내가 재 줄게.

원은 모든 모양 중에서 최소의 길이로 최대의 공간을 만들 수 있지.
최대효율성의 원리
넓다.

한편 원은 동양에서도 매우 중요한 도형이었어.

수 1은 세상 모든 것에 스며들어 있어서 세상의 물체와 사건의 기초를 이루고 있다고 생각했지.
좀 찝찝한데?

특히 동양에서 수 1은 양(陽), 남성, 하늘, 길(吉)을 뜻해.
吉

1로부터 변화된 첫 번째 창조의 과정은 2를 만들어.
크로스!

수리철학자들은 2개의 원으로 표현되는 2를
'디아드(Dyad)'라고 했는데,
'다이하드' 아닙니다.
'디아드' 맞습니다.

하나의 원이 분열하여 두 개의 원을 이루는 '이원성'을 갖지.
하나의 원이 또 하나의 원을 만든다는 뜻이야.

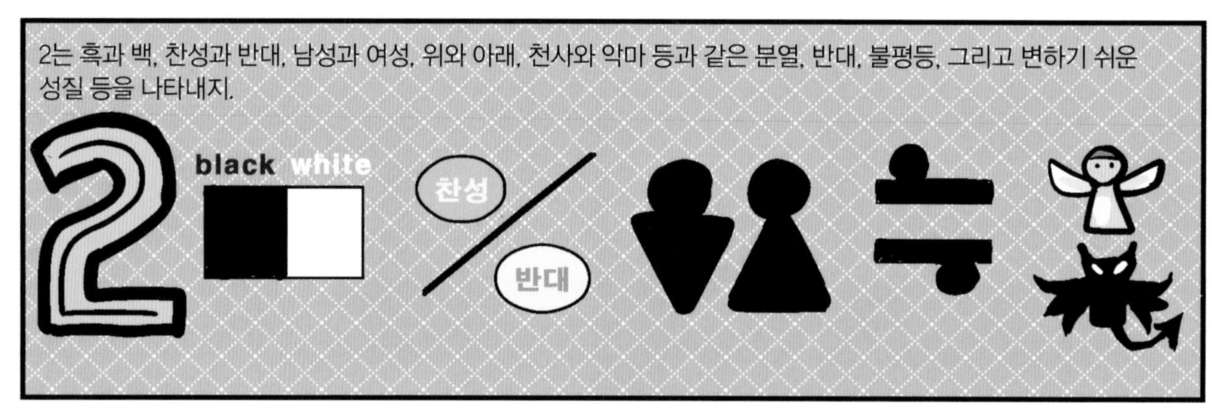
2는 흑과 백, 찬성과 반대, 남성과 여성, 위와 아래, 천사와 악마 등과 같은 분열, 반대, 불평등, 그리고 변하기 쉬운 성질 등을 나타내지.
black white
찬성
반대

하지만 수리철학자들은 2를 1과 함께 다른 모든 수들의 부모라고 생각했어.
엄마, 백 원만~.
숙제나 해. 인석들아.

그들에 따르면 1은 점으로 표현되고, 2는 직선으로 표현되지.
이게 무슨 뜻이죠?
내일 이곳에서 12시에 만나자는 뜻입니다.

사실 한두 개의 점이나 선으로는 어떤 실제적인 형태도 만들 수 없어.
이게 뭐야?
야구하러 가자고.

하지만 세상의 기하학적 도형들은 모두 점과 선에서 시작하지.
당
한게임 어때?
게임비 네가 내면.

또 2는 자신과 같은 수를 더한 것이 자신과 같은 수를 곱한 것과 같은 결과가 나오는 유일한 수야.
2+2=2×2
이~.
이
내 동족들.

또 2는 1과 그 뒤에 잇따르는 모든 수, 즉 일자(一者)와 다자(多者) 사이를 잇는 통로이고.

1과 나머지 모든 수의 중개자이자 입구의 역할을 해.
나를 통해야 하느니라.

수리철학자들은 이 두 개의 원을 하나가 여럿이 되고 하나와 여럿이 균형을 이루는 통로로 여겼어. 또 서로 연결된 두 원 사이에 아몬드 모양으로 서로 겹친 영역에 관심이 많았지.

이것을 가톨릭 문화권에서는 '베시카 피시스'라고 했고,

인도에서는 이것을 아몬드라는 뜻의 '만돌라'라고 불렀어.

베시카 피시스는 '창조의 입' 또는 '카오스의 자궁'으로 불리기도 하는데,

이후에 나오는 수는 모두 이 창조의 입으로부터 나오기 때문이야.

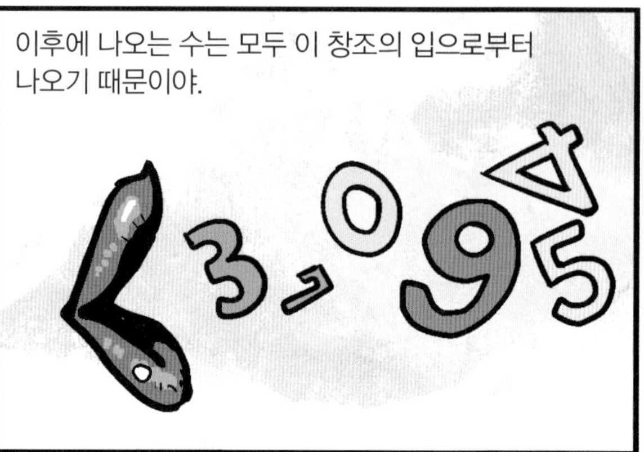

동양에서는 2가 음(陰), 여성, 물(지상), 凶(흉)을 뜻했지.

창조의 입을 통해 처음으로 나온 수는 '트리아드(Triad)', 즉 3이야.

수리철학자들은 1과 2를 수들의 '부모'로 여겼기 때문에, 그 사이에서 처음으로 태어난 3을 최초의 수이자 가장 오래된 수라고 여겼어.

그래서 3은 완전함을 표현하는 원리이며,
3
난 퍼펙트해.
그래서 피라미드도 '트리아도' 모양

시작과 중간과 끝이 있어 모든 일을 가능하게 한다고 해.
시작
중간
끝

또 3은 과거, 현재, 미래를 표현하기 때문에 지혜와 예언을 나타내지.
흐흐..
스크루지, 너의 과거와 현재, 미래를 보여 주러 왔다.
생긴 게 영..
유령협회 인증서라도 있음 줘 보슈.

3은 수학에서 더욱 특별한 의미가 있어.
수학
그러니까 뽀뽀해 줘~.

아무리 넓은 평면도 세 개의 점만 있으면 결정할 수 있어.

사진기나 측량기의 발이 3개인 것은 이런 이치를 활용한 거야.

그리스 신화에 나오는 아폴론의 상징은 델포이의 무녀가 앉아 신탁을 전하던 다리가 셋인 청동 제단이었어.
보인다, 보여. 이번 주 로또 1등 번호가…….

고대 그리스 사람들은 아폴론 신에게 제사를
지낼 때 술을 석 잔 바쳤고,

우리나라에서도 제사를 지낼 때 초헌, 아헌, 삼헌이라고
하여 세 번의 잔을 올리지.
삼헌 받으십쇼.

이 외에도 인간의 사상이나 종교를 3으로 표현하는
경우가 많아.
3
사상
종교

신과 천사, 그리고 인간을 하나로 묶는 가톨릭 사상,
God
가톨릭 사상

하늘, 땅, 인간의 삼위일체, 즉 천, 지, 인의 관념을
가지고 있는 동양의 사상도 모두 3을 기본으로
하고 있어.
天
地
人

4는 수리철학자들이 '테트라드(Tetrad)'라고 부르는데,
'완결'을 의미해.
4
나는 종결자.
그럼 내 사각 얼굴도?

우주에 있는 자연적이고 수적인 모든 것은 1부터 4까지
진행하여 완결되지.
우리 가족이 바로 우주의 중심.

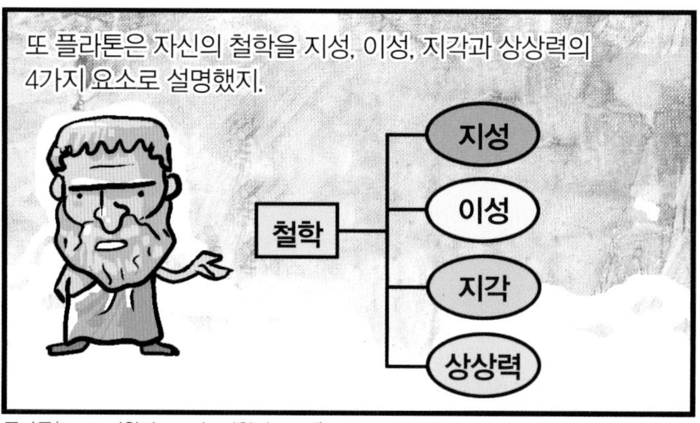

플라톤(Plato, 기원전 427년~기원전 347년)

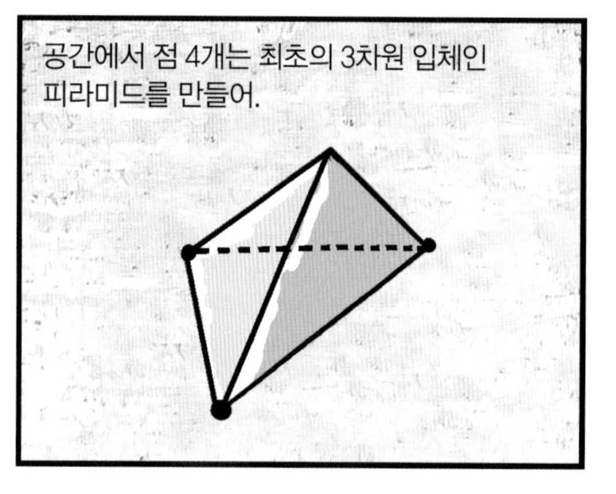

이런 4의 속성은 지구와의 연관성을 암시하기도 했어.

고대 이집트인들은 하늘을 떠받치고 있는 기둥을 4개라고 생각했고,

마야인도 이와 비슷하게 4개의 존재가 하늘의 천장을 떠받치고 있는 것으로 묘사했지.

정사각형은 고대의 문화권에서 대지의 여신을 나타내는 가장 주요한 상징으로 사용되었어.
평수를 뜻하는 거 아냐?
복부인

다음으로, 수 5를 수리철학자들은 '펜타드(Pentad)'라고 했어.
5
펜타드!

5는 2와 3, 짝수와 홀수, 남성과 여성을 함께 나타내는 수야.
짝수
홀수

이것은 결혼, 조화, 그리고 화합을 나타내므로 사랑의 신인 아프로디테에게 바쳐진 수라고 해.
고마워~!
올핸 나도 시집가는 건가?

정오각형은 생명을 나타내는 상징으로 식물과 동물 그리고 사람을 포함해 많은 생명체에서 5와 관련된 모양을 찾을 수 있어.
다섯 장의 꽃잎을 가진 식물, 인간의 몸통에서 뻗어 있는 머리와 두 손 그리고 두 발의 다섯 갈래, 사과와 같은 과일의 단면에 나타나 있는 정오각형에 나타나지.

동양에서는 길흉화복을 점칠 때 5개의 행성을 사용했고,
화성
수성
금성
토성
목성

이를 바탕으로 오행설이 등장했는데,

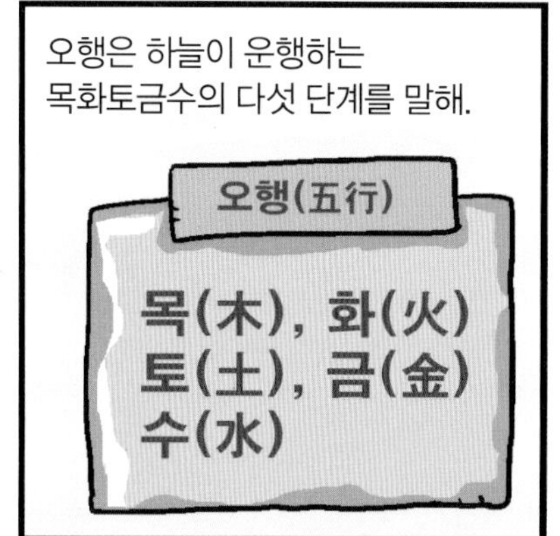
오행은 하늘이 운행하는 목화토금수의 다섯 단계를 말해.
오행(五行)
목(木), 화(火)
토(土), 금(金)
수(水)

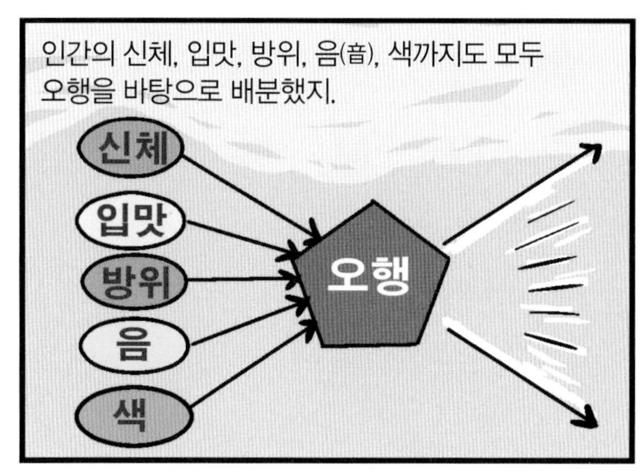
인간의 신체, 입맛, 방위, 음(音), 색까지도 모두 오행을 바탕으로 배분했지.
신체
입맛
방위
음
색
오행

오행설 분류법은 자연현상뿐만 아니라 정치, 사회의 각 부문에까지 널리 영향을 미쳤고,
오행설 분류법
자연현상
정치
사회

일반 사람들의 일상생활을 다스리는 행동 지침이 돼 왔지.
이 여자랑 결혼하면 가정이 화목할까요?
10년 후 이 남자 얼마나 돈 모을 수 있나요?
사주
작명
복채부터 내고.

또 5개의 행성은 오늘날 요일의 이름이기도 하고.
화성, 수성, 목성, 금성, 토성=
화요일, 수요일, 목요일,
금요일, 토요일
아빠는 일 안 해?
잘들어
일요일은 휴일이니까 쉬고, 월요일은 원래 쉬고, 화요일은 화가 나서 쉬고…….
얼씨구, 쉬니까 신났냐?!

수리철학자들은 6을
'헥사드(Hexad)'라고 해.
우리집 같아.

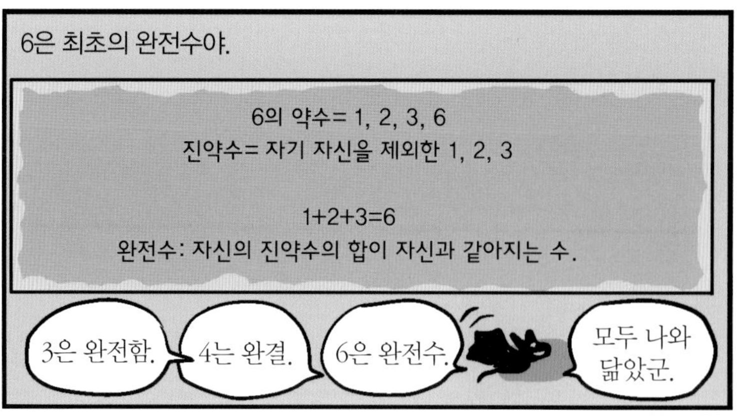
6은 최초의 완전수야.
6의 약수= 1, 2, 3, 6
진약수= 자기 자신을 제외한 1, 2, 3
1+2+3=6
완전수: 자신의 진약수의 합이 자신과 같아지는 수.
3은 완전함.
4는 완결.
6은 완전수.
모두 나와 닮았군.

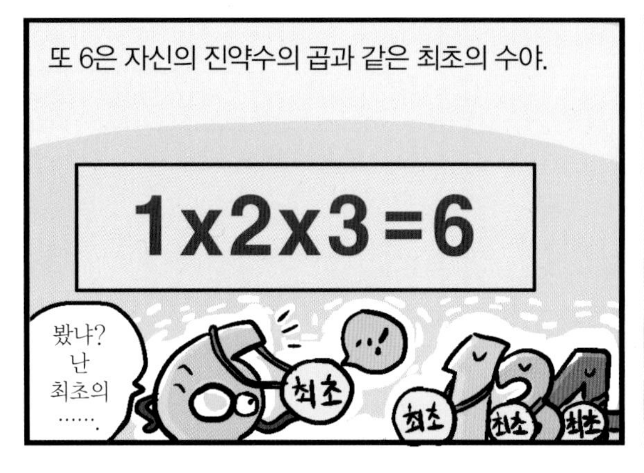
또 6은 자신의 진약수의 곱과 같은 최초의 수야.
1x2x3=6
봤냐? 난 최초의 …….
최초
최초
최초
최초

그래서 6은 건강과 균형을 의미해.
와-
와-

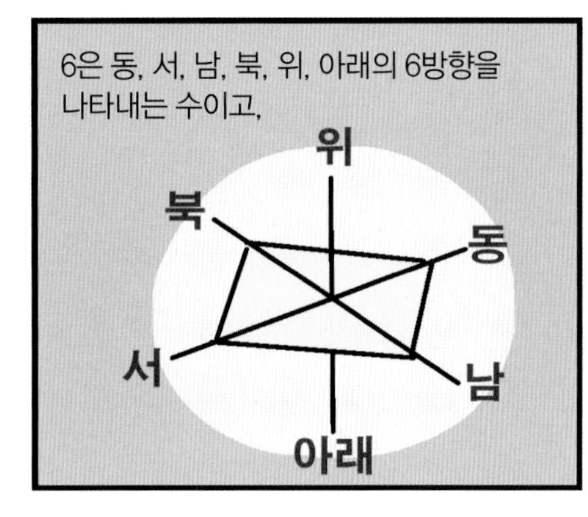
6은 동, 서, 남, 북, 위, 아래의 6방향을
나타내는 수이고,
위
북
동
서
남
아래

2와 3을 더해서 만들어지는 5와 마찬가지로, 처음 짝수와 홀수의
곱 2×3에 의하여 만들어지기 때문에 자웅동체를 나타내기도
한단다.
난 남자도, 여자도 아니여.
친구야.

기독교에서 6은 우주 창조에 필요한 6일간, 즉 '완전'과 '완성'을 나타내기도 하지.
God
나 좀 잔다.
zz
밥 차려 줘.
흥-
너 갈비뼈 많이 남았잖아!

다음과 같이 같은 값을 갖는다는 점에서는 연결의
역할을 하고,

1x2x3x4x5x6x7=5040
7x8x9x10=5040

자,
열심히 해.

PD

대본

하하,
주연이라
양도
많네요.

수리철학자들은 7을 '처녀 수'
라고도 부르는데,
다이아몬드가
생기거든
찾아오세요.
아가씨,
제
사랑을…….

즉, 7은 10보다 작은 다른 어떤
수에 의해서도 나누어지거나,
자꾸
÷ 들고
찾아오지 마.

다른 수를 나누지 않기 때문이야.
난 혼자서도
행복한
여자라고.

기독교에서 7은 매우 의미 있는 수야.
시집가게
해 주세요.

천지창조의 6일이 지난 후 일곱째 날이 안식일이었고,
드르렁~
이러니 내가
시집을
못 가지~.
God

『구약성서』에 나오는 노아의 방주는 7개월 만에
육지에 도달했지.
이 나이에
연금도 없이
애들 데리고
어찌 살라고…….
척박~

'옥타드(Octad)'라 불리는 8은 의미심장한 수인데,
내가 좀
중요하지.

8은 최초의 세제곱수로, 안정되고 균형과 조화가
이루어진 우주를 나타내기 때문이지.
2x2x2
어? 넘어지니까
무한이네?
그래서 우주를
상징하나?

또 옥타드는 '옥타브'의 어원으로, 모든 음악의 원천이기도 해.
어찌 합니까.
어떻게 할까요~
1 옥타브~.

8은 10개의 수 중에서 다른 어떤 수보다 나누어지는 수가 많아.
1,2,4
탁 탁 탁..
내가 좀 잘 나눠져.

그래서 수리철학자들은 8을 '정의'와 '짝수성 짝수'라고 불렀어. 왜냐하면 8은 계속 절반씩 나누어 가면 결국 1이 되기 때문이지.
8
4
2
1

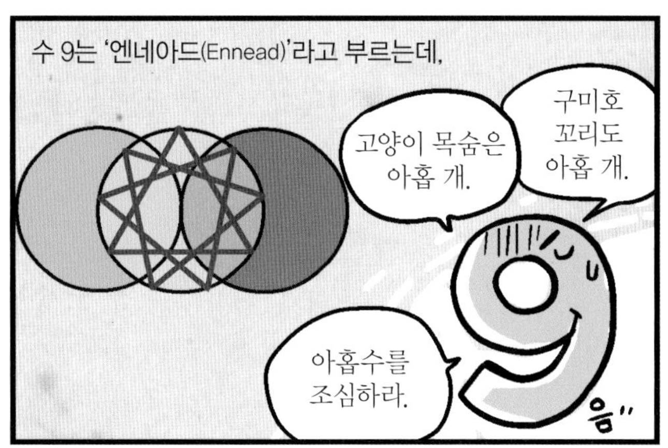
수 9는 '엔네아드(Ennead)'라고 부르는데,
고양이 목숨은 아홉 개.
구미호 꼬리도 아홉 개.
아홉수를 조심하라.
음"

9는 더 이상 넘어갈 수 없는 한계이자 극한의 경계야.
드드 덜덜..
극한

9는 신성한 3의 의미가 최대한 표현된 것으로, 최상의 완전, 균형, 질서를 표현하며, 세 배로 신성하고 가장 거룩한 것으로 간주되었어.
3+3+3=9
날 신처럼 떠받들라.
이 몸은 최상의 완전, 균형, 질서의 수이며 거룩한 수이니라.
칫, 우리가 최고인 줄 알았는데.

구천: 지구를 중심으로 회전한다고 생각된 아홉 개의 천체.

10은 부모수인 1과 2, 부모수의 자식들인 3에서 9까지의 수를 모두 포함하지.
10
123456

한자에서는 십(十)이 음과 양, 두 방향을 향하고 있는 자신을 상징하고,
十
내 마음 나도 몰라.
이봐, 여기 아니야.

동서를 뜻하는 '一'와 남북을 뜻하는 'ㅣ'이 모두 갖추어져 완전성을 상징한다고도 해.
북
동
서
남
Perfect

기독교에서 10은 모세의 십계나 신에게 바치는 1/10세(십일조), 10개의 등불, 10인의 처녀, 10달란트 등의 비유에 나오는 숫자이기도 해.
봤지?
내게 십일조를 바쳐라!
휙
그래, 1/10이다!
잉~ 왜 나만 갖고 그래!

지금까지 1부터 10까지의 수의 여러 가지 의미를 살펴보았어.

이제 수학이 실생활에서 어떻게 사용되었는지 알아보자.
수
학

완벽한 비너스를 위한 황금비

봄이 오면 목련, 개나리, 진달래, 해당화, 매화 등 많은 꽃들이 온 세상에 화사한 그림을 그리지. 봄과 꽃은 많은 화가들의 단골 소재이기도 한데, 르네상스의 대표적인 화가 산드로 보티첼리(Sandro Botticelli, 1445~1510)는 〈봄〉과 〈비너스의 탄생〉이라는 작품에 미의 여신 비너스와 봄의 여신 플로라를 함께 그렸어. 이 작품들에 등장하는 봄의 여신은 아름다운 꽃으로 장식된 드레스를 입고 있지.

보티첼리는 〈비너스의 탄생〉을 철저하게 수학적으로 그렸어. 화폭의 가로와 세로의 비례에서부터 시작하여 그림 속 비너스의 몸은 완벽한 황금비를 이루고 있지. 보티첼리가 사용한 황금비에 대하여 간단히 알아보자.

보티첼리의 〈봄〉. 크기는 315× 205㎝로 가로와 세로의 비가 거의 황금비인 1.618:1에 가깝다. 피렌체 우피치 미술관 소장.

황금비를 나타내는 기호 ø는 황금비를 조각에 이용했던 페이디아스(Phidias, 기원전 480년~기원전 430년)의 그리스어 'Φειδίας'의 머리글자를 따온 것으로 수학적으로는 $\frac{1}{\phi}=\phi-1$, 즉 $\phi^2-\phi-1=0$과 같으며, 근의 공식을 이용하여 이 이차방정식의 해를 구하면 $\phi=\frac{1\pm\sqrt{5}}{1}$야. 두 해 중에서 양의 값을 택하면 $\phi=1.618\cdots$이지.

이 비율의 역사는 그리스 이전보다도 더 거슬러 올라가는데, 기원전 2000년경의 이집트 『린드 파피루스』를 보면 기원전 4700년에 기자(Gizeh)의 대피라미드를 건설하는 데 이 수를 '신성한 비율'로 사용했다고 전하고 있어. 현대의 측량기술로 측정해 보니 피라미드 밑의 중심에서 밑의 모서리까지, 그리고 경사면까지 비율이 거의 정확하게 황금비인 1 : 1.618이었지. 피타고라스학파는 이 비율을 이용하여 그들의 상징인

정오각형 안에 별을 그려 넣었는데, 정오각형의 각 꼭짓점을 잇는 직선들이 만나는 비율들이 모두 황금비였기 때문이야.

〈비너스의 탄생〉. 이 그림도 가로, 세로가 172.5×278cm로 황금비에 가깝다. 피렌체 우피치 미술관 소장.

보티첼리는 르네상스 시대의 화가들이 즐겨 사용했던 '자'라는 의미를 지닌 '카논(canon)'을 그림에 완벽하게 적용했어. 미술에서 카논이란 아름다움의 기준을 설정한 수학적 비례 법칙을 말한단다. 르네상스 시대의 화가들은 아름다움은 신체의 각 부분들이 조화로운 비례를 이룰 때 탄생한다고 믿었기 때문에 당시 그려진 거의 대부분의 그림에서 신체의 각 부분에 카논이 적용된 거야. 인체의 여러 부분이 서로 아름다운 비례를 이룬다는 카논의 개념은 예술가들을 매료시켰기 때문에 그들은 그림이나 조각 작품을 만들 때 자와 컴퍼스를 이용하여 각 부위를 세밀하게 측정하여 작품을 완성했다고 해.

보티첼리와 같은 르네상스 화가들은 좀 더 사실적인 그림을 그리기 위하여 유클리드기하를 연구하였고, 그 결과로 등장한 것이 원근법이야. 원근법은 말 그대로 인간의 눈으로 볼 수 있는 3차원에 있는 사물의 멀고 가까움을 구분하여 2차원의 평면 위에 묘사적으로 표현하는 회화 기법을 말하지.

4장 수학의 시작에서 컴퓨터까지

고대 4대 문명은 모두 강을 끼고 발전했는데,
메소포타미아 문명
인도 문명
중국 문명
이집트 문명
농사를 짓기 위해 수학이 필요했지.
비가 오는 날과 안 오는 날의 물의 양을 계산해 놔야지.
메소포타미아 지역은 수준 높은 문화와 풍부한 식량 때문에 자연스럽게 상업의 중심지가 되었어.
곡식이 넘쳐 술을 빚었네. 드시게.
내일 우리 집에서 파티를 열겠네.
그러시다면 저희 집에서는 소를 잡겠습니다.

이 지역의 중심지는 헤브라이어로 '신(神)의 문(門)'이란 뜻의 바벨(Babel), 즉 바빌론이야.

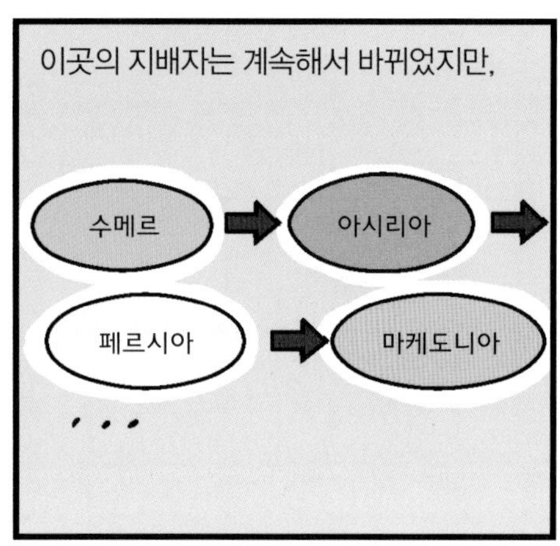
이곳의 지배자는 계속해서 바뀌었지만,
수메르
아시리아
페르시아
마케도니아
...

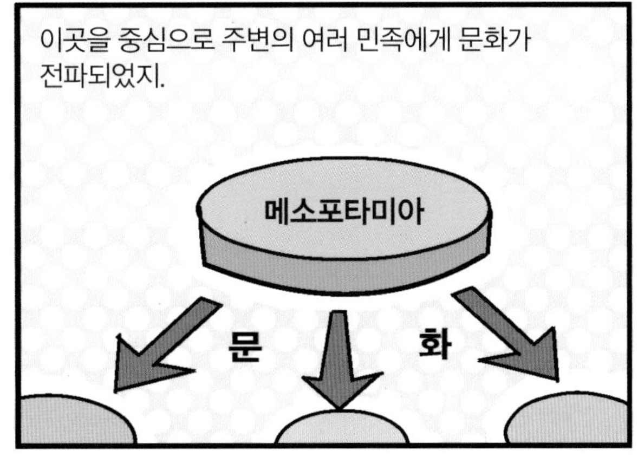
이곳을 중심으로 주변의 여러 민족에게 문화가 전파되었지.
메소포타미아
문
화

바빌로니아와 아프리카의 이집트는 모두 농업 국가였는데,
소가 최고의 재산!

이집트는 고립된 위치로 주변에 영향을 주지 못했어.
아~ 답답!
꽉
이집트
사막

바빌론은 쐐기문자를 사용해 수를 점토판에 나타냈는데,

주변국은 물론 인도와 이집트, 지중해 건너의
그리스에까지 영향을 주었고,
하하··
우리 바빌론 문자가 쐐기처럼 박힐 거야~!

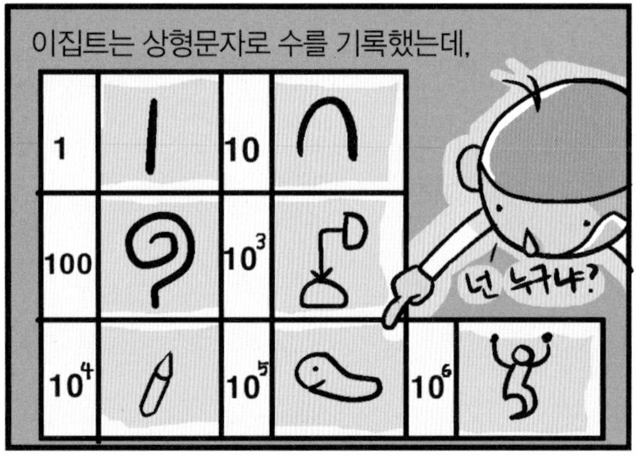

이집트는 상형문자로 수를 기록했는데,
1
10
100
10³
10⁴
10⁵
10⁶
넌 누구냐?

그리스에게만 영향을 주었지.
아무한테도 말하지 마. 너한테만 주는 거야.
응-

이 두 지역의 수학을 받아들여 하나로 통일한 것은 그리스야.
이집트 수학
바빌론 수학
그리스 수학

고대 그리스는 상업적인 요소가 강한 문화를 가지고 있었어.
그리스 문화

이집트와 바빌론을 비롯하여 여러 나라의 문화를 골고루 흡수하고,
쪼-옥

탈레스(Thales, 기원전 624년~기원전 546년경)

이집트의 나일 강 유역의 비옥한 토지에 농사가 발달하자, 수송과 배수, 치수, 관개 등이 발달하고,
물길도 더 크게 내고 곡식도 옮겨야 할 텐데…….
이집트 소는 이렇게 생겼다.

측량과 세금 부과 등 실질적인 문제가 발생하면서
탈레스 선생, 측량과 세금 계산 좀 부탁합니다.
음…… 공짜는 아니 되오.

이런 실용적인 산술과 측량이 수학을 발달하게 했지.
탱
실용적 산술
측량
탱

탈레스는 이집트로부터 배워 온 수학을 그리스에 널리 전파했는데,
들인 돈 회수할 때다.
족집게라네요.
탈레스 속셈 학원
바글 바글

그 과정에서 수학은 '어떻게'라는 것에서 '왜'라는 것으로 전환되었어.
1+1=2
왜죠?
저 녀석 보게..
Why……?

'어떻게'는 1+1의 답만을 어떻게 구할 것인가만 생각하는 것이고,
1+1=?
2!
답만 맞으면 되지?

'왜'는 1+1=2인 이유를 논리적으로 설명하여
사과 한 개에 한 개 더 가지고 왔다.
그럼 몇 개?
두 개요~!

누구나 납득할 수 있도록 하는 과정이야.
완전 이해 가나?
네-!
탈레스 속셈 학원이니까.

잠재적 기하학(Subconscious geometry)

논증: 논리적인 증명

실험적 기하학(Experimental geometry)

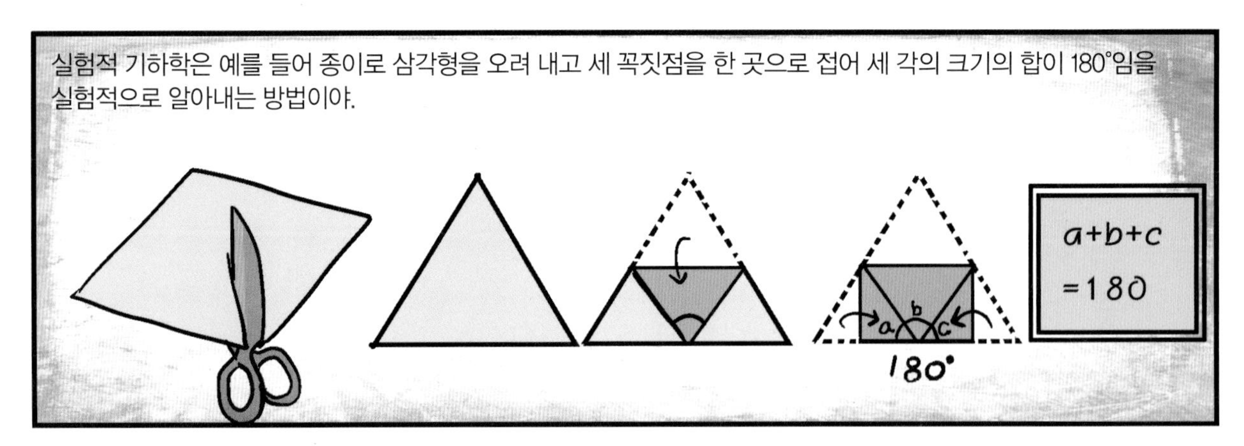

논증적 기하학(Demonstrative geometry)

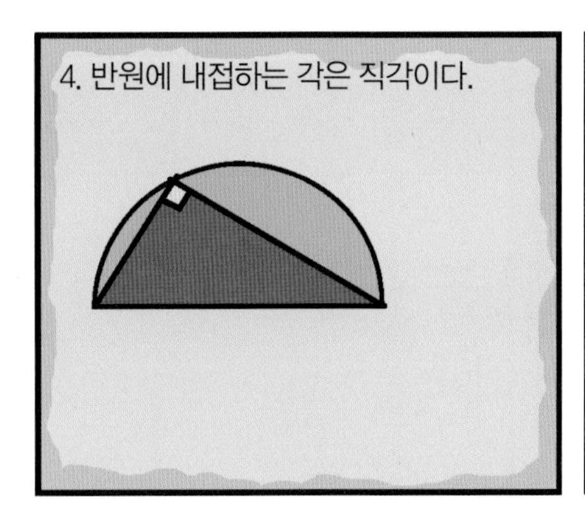
4. 반원에 내접하는 각은 직각이다.

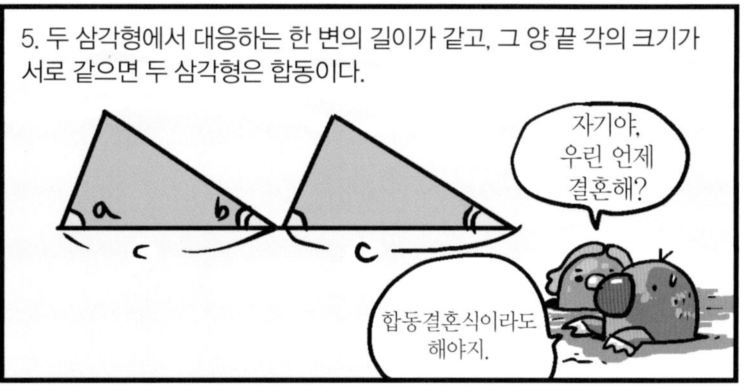
5. 두 삼각형에서 대응하는 한 변의 길이가 같고, 그 양 끝 각의 크기가 서로 같으면 두 삼각형은 합동이다.
a
b
c
c
자기야, 우린 언제 결혼해?
합동결혼식이라도 해야지.

이 다섯 가지는 탈레스보다 훨씬 이전부터 알려져 있었고 실험으로 증명되지만,
실험적 증명

탈레스는 이것들을 실험이 아닌 수학적 증명으로 밝혀냈기 때문에 위대하다는 평가를 받는 거야.
수학적 증명

탈레스 이후에 그리스 수학을 이끈 사람은 피타고라스야.

그는 그리스의 크로톤에 피타고라스 학교를 세우고 철학, 수학, 자연과학 등의 수업을 했는데,
그 학교에서 공부한 사람들을 피타고라스학파라고 부르지.

그의 가장 큰 업적은 직각삼각형에 관한 '피타고라스의 정리'야.
c
c^2
b^2
b
a^2
a
$a^2+b^2=c^2$
직각삼각형의 빗변을 한 변으로 하는 정사각형의 넓이는 다른 두 변 위에 세워진 정사각형의 넓이의 합과 같다.

이것 역시
이전부터 알려진
사실이지만

그가 처음으로 이 정리를
증명했어. 여기에 그의 이름이
붙은 이유지.

이것은 나 혼자의 힘으로
이루어 낸 것이 아니다.
신의 도움으로
가능했다.

오늘날 피타고라스의 정리의 증명 방법은 약
400가지에 이르는데
피타고라스
정리
증명 방법

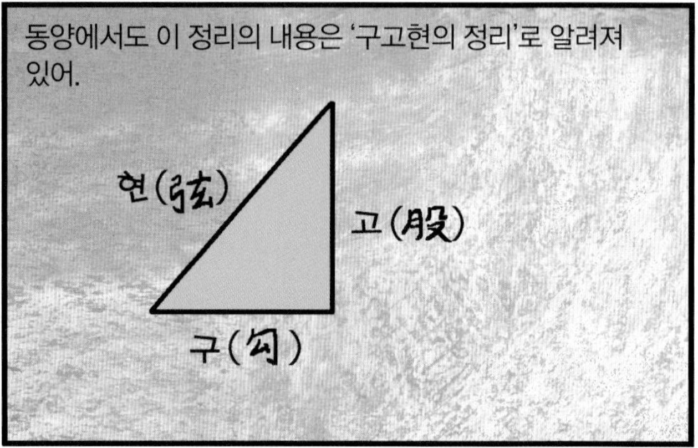
동양에서도 이 정리의 내용은 '구고현의 정리'로 알려져
있어.
현(弦)
고(股)
구(勾)

이제 시간을 훌쩍
뛰어넘어 유럽의
중세로 가 보자.
TIME

유럽의 중세는
정치, 경제적인 면에서
봉건제 시대였어.

그리고 수학을 포함한 과학의 연구는 수도원에서
성직자들에 의하여 이루어졌고,
수학
과학

그들은 모든 과학을 신과 연관시키기 위하여
노력했어.
God

이 시기에 유럽은 이집트와 바빌로니아, 그리스로부터 물려받은 훌륭한 문명을 퇴보시키고 있었지.
유럽
배고픈데 이거라도 먹을까?
선진 문명

그래서 이 시기를 '유럽의 암흑기'라고도 해.
못 먹어. 아, 이빨이야~.
선진 문명
뿡~

유럽의 암흑기 동안 동양은 많은 발전을 했어.

중국의 수학책 중에서 가장 중요한 『구장산술(九章算術)』은
구장산술
야구장에서 산수를?
엄마 맘이 아프구나.

한(漢)나라 이전에 써진 것이지만, 훨씬 이전의 내용도 담고 있어.

그 후 한나라 수학자 순체가 『구장산술』과 비슷한 책을 저술했는데,
입시 경쟁 때문에 대박칠 거야.

이 책에는 다음과 같은 문제가 나와.
3으로 나누면 2가 남고, 5로 나누면 3이 남고, 7로 나눌 때 2가 남는 수들 중에서 가장 작은 수는 무엇인가?
……?

이것은 오늘날 '중국인의 나머지 정리'라고 불리는 유명한 정리야.
중국인의 나머지 정리

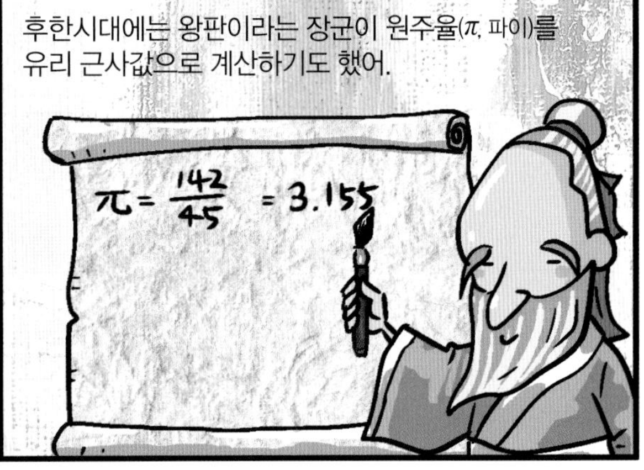
후한시대에는 왕판이라는 장군이 원주율(π, 파이)를 유리 근사값으로 계산하기도 했어.
π = 142/45 = 3.155

원나라 때의 주세걸은
중국 수학의 역사상 가장 뛰어난
인물이지.

그는 서양의 수학자 파스칼보다
무려 350년이나 더 전에
350년

이항정리의 계수의 성질을
알아냈는데
그르릉~
네 성질
진작에 알았어.

오늘날 우리는 이것을 '파스칼의
삼각형'이라고 부른단다.
1
1 1
1 2 1
1 3 3 1
1 4 6 4 1
내가 먼저
알았는데 내
이름은 빼고…….
오예~.

이렇게 동양 수학은
서양의 수학에 전혀 뒤지지
않았지만,
서양
수학

해법은 있어도 그리스 수학과
같은 논리적인 증명이 없었지.
논리적
증명
앗, 없다!
그리스
수학

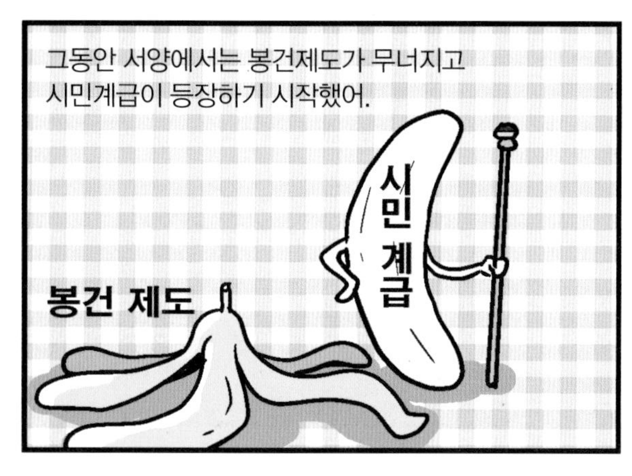
그동안 서양에서는 봉건제도가 무너지고
시민계급이 등장하기 시작했어.
시민
계급
봉건 제도

유럽에서 시민계급이 등장하기 이전의 수학은 고루한
수도원 수학이었는데,
잠깐만!
으~ 고루해!
수학

이 수학은 새로운 계급의 요구를 모두
충족시키지 못했지.
대체 왜?
고루르…

그러다가 13세기에 아라비아 상인들에 의해 새로운 숫자와 셈법이
도입됐는데,
와~
신기하다.

로저 베이컨(Roger Bacon, 1294년~1294년경)

피보나치(Leonardo Fibonacci, 1170년경~1250년경)

이 책은 총 15개의 장으로,
차례
1.
2.
3.
4.

처음 7개의 장에서는 새로운 수 체계를 다루었고,
정수
유리수
실수
복소수

수들을 실제적인 문제에 적용하는 것을 보여 줬어.
물물 교환
조합 영업
무게나 길이의 변환
이자
환전
실제 문제

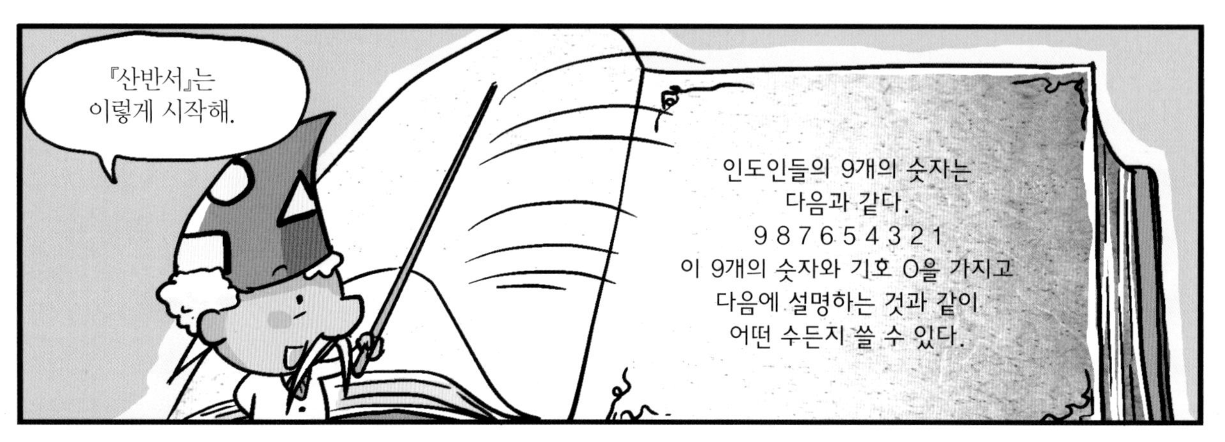
『산반서』는 이렇게 시작해.
인도인들의 9개의 숫자는 다음과 같다.
9 8 7 6 5 4 3 2 1
이 9개의 숫자와 기호 0을 가지고 다음에 설명하는 것과 같이 어떤 수든지 쓸 수 있다.

당시 유럽인들에게 이런 수 체계는 쉽지 않은 기수법이었어.
산반서

피보나치는 로마수를 새로운 수로 변환시키는 방법을 실제 예를 들어 설명하며,
예를 들어 설명하마.

새로운 수 체계에서의 연산과 그에 맞는 문제를 제시한 거야.

분수는 처음에 단순히 분모 위에 분자를 써서 나타냈는데,
5
17
인도인과 아라비아인들이 그랬음.

피보나치는 분자와 분모 사이에 선을 그었지.
5/17 2 < 5/17 3
당시엔 자연수를 분수의 오른쪽에 썼음.

에두아르 뤼카(E. Lucas, 1842년~1891년)

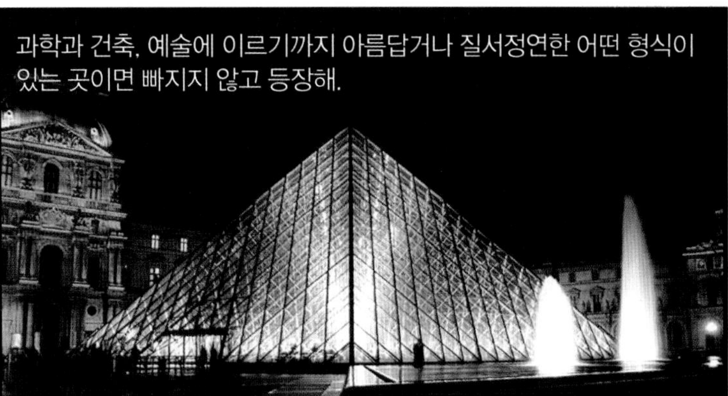

17세기에 대수학의 기호가 발전하면서 수학자들은 이 수열을 공식으로 만들었어.

$$F_{n+2}=F_{n+1}+F_n$$

내 이름의 앞글자도 공식에 들어갔으면…….

위대한 수학자가 되면?

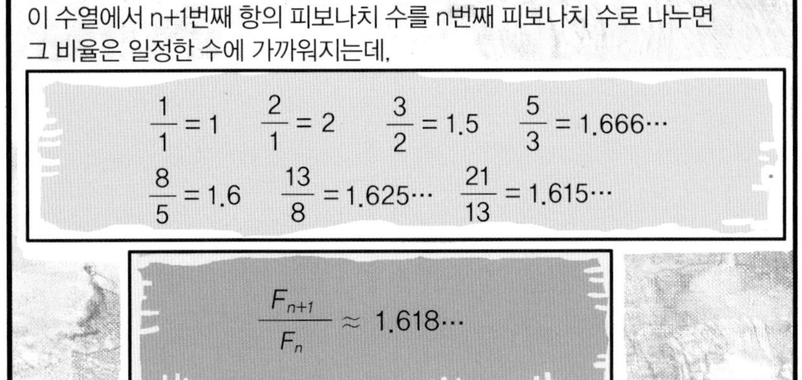

$$\frac{1}{1}=1 \quad \frac{2}{1}=2 \quad \frac{3}{2}=1.5 \quad \frac{5}{3}=1.666\cdots$$

$$\frac{8}{5}=1.6 \quad \frac{13}{8}=1.625\cdots \quad \frac{21}{13}=1.615\cdots$$

$$\frac{F_{n+1}}{F_n}\approx 1.618\cdots$$

피디아스(Phidias, 기원전 460년~기원전 430년경)

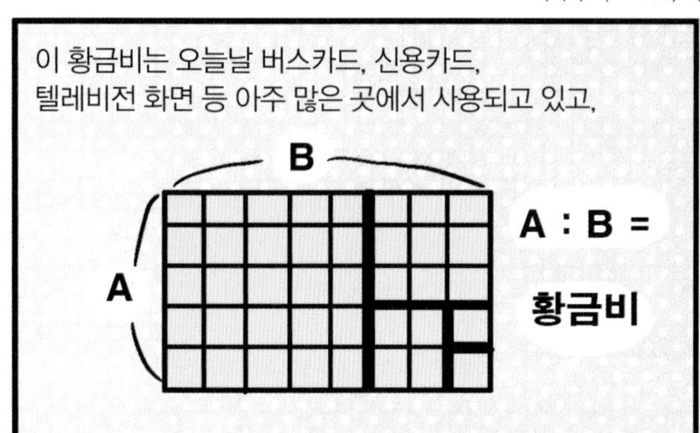

이진코드(Binary Code)

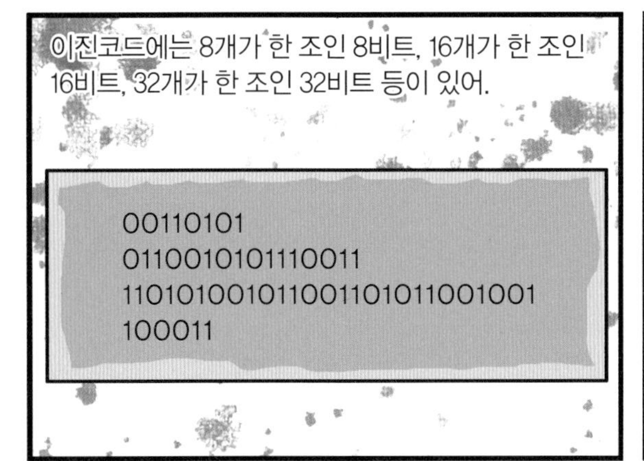

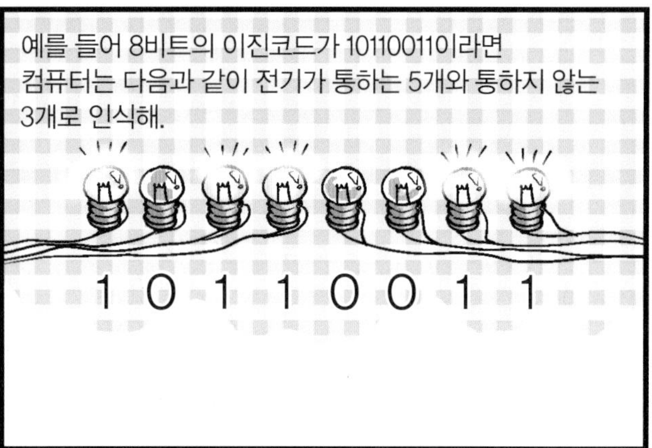

베토벤의 황금악장

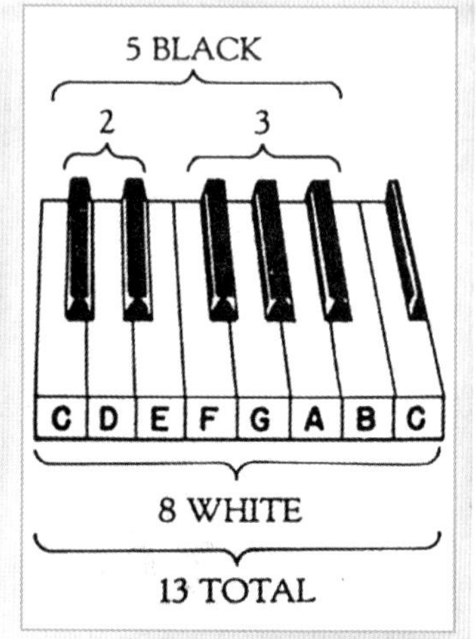

2, 3, 5, 8, 13의 피보나치 수로 이루어진 피아노 건반.

다들 음악의 성인이라고 불리는 베토벤(Ludwig van Beethoven, 1770년~1827년)을 알고 있을 거야. 베토벤의 많은 작품 중 특히 〈운명 교향곡〉은 수학과 깊은 관련이 있는데, 이 작품은 피보나치수열을 이용하여 황금비로 아름다움을 구현하고자 한 교향곡이란다.

피보나치수열이란 앞의 두 항을 더하여 그 다음 항이 되는 수열로 1, 1, 2, 3, 5, 8, 13, 21, 34…… 등과 같은 수열을 가리켜. 이 수열의 각 항에 있는 수들을 피보나치 수라고 하며 n번째 피보나치 수를 F_n으로 나타내지. 그러면 일반적으로 피보나치수열은 $F_{n+2}=F_{n+1}+F_n$이 성립하는데, 연속된 두 개의 피보나치 수 F_n, F_{n+1}에 대하여 n이 점점 커질수록 $\frac{F_{n+1}}{F_n}\approx 1.618$이며, 여기서 얻어지는 수 1.618이 바로 황금비란다.

피보나치 수와 황금비는 피아노의 건반에서도 찾을 수 있어. 피아노는 8개의 흰 건반 사이에 2개와 3개로 그룹 지어진 5개의 검은 건반이 있고, 8음이 한 옥타브를 이루는데 그 안에 모두 13개의 건반이 있는 악기지. 이들은 모두 피보나치 수들이야. 13개의 음은 서양음악에서 반음계로 알려져 있는 가장 완벽한 음계이기도 해. 반음계는 피타고라스에 의하여 만들어졌다고 알려져 있는데, 도-레-미-파-솔-라-시-도의 8음 사이사이에서 약간씩 높은 5음계가 합해져 13음계가 된 것으로 5음계는 검은 건반을 쳤을 때 나는 음이지. 피아노의 검은 건반 5음계(5)와 흰 건반 온음계(8) 그리고 이들을 합한 반음계(13)가 서양음악의 기본이야.

버르토크(Béla Bartók, 1881년~1945년)는 〈현·타악기, 첼레스타를 위한 음악〉에서 피보나치수열을 사용했어. 그는 이 곡의 첫 악장을 모두 89소절로 구성하였으며 55번째 소절에서 클라이맥스를 이루도록 했는데, 특히 55소절 앞부분은 34소절과 21소절

두 부분으로 나누었고 34소절은 다시 13소절과 21소절로 나누어 피보나치수열을 치밀하세 사용했단다. 여기에 등상하는 13, 21, 34, 55, 89는 연속되는 피보나치 수야.

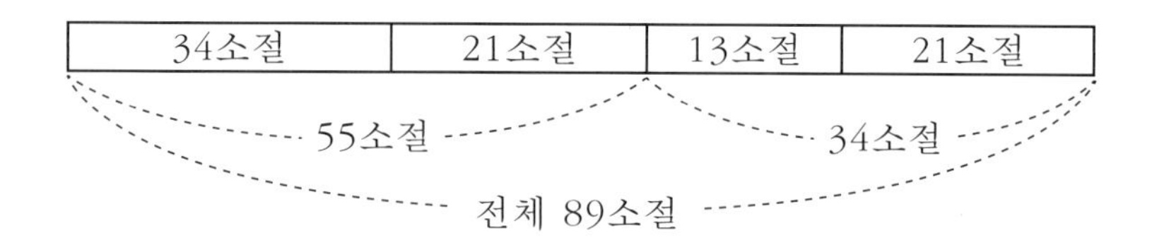

헝가리의 작곡가이자 피아니스트, 벨러 버르토크.

베토벤은 5번 교향곡 〈운명〉에 피보나치 수를 사용했어. 〈운명〉의 처음인 '빠바바밤~'하는 부분을 4개의 음표로 된 악구를 사용하여 주제구로 썼는데, 이 주제구와 소절의 수를 합하여 피보나치 수가 되도록 한 거야. 첫 악장은 세 번의 주제구가 있는데, 첫 번째 주제구를 포함하여 모두 377소절이 되면 다시 주제구를 넣었지. 즉, 가운데 주제구를 중심으로 앞은 377개의 소절로 되어 있고, 뒷부분은 233개의 소절로 되어 있는데, 233은 13번째 피보나치 수이고 377은 14번째 피보나치 수야. 그리고 두 수의 비의 값은 $\frac{377}{233} \approx 1.618$로 황금비를 이룬단다. 결국 전체 악장을 황금비로 분할되도록 하여 곡의 아름다움을 더하고자 했던 거야.

주제구	372소절	주제구	228소절	주제구

377소절 233소절

Σ
5장 천문학과 수학

시간은 언제부터 흘렀을까? 지구상에 인류가 처음 등장했을 때부터 시간이 흐른 것으로 해야 할까?
Start?

아니면 지구가 생성된 시기가 시작일까?
Start?

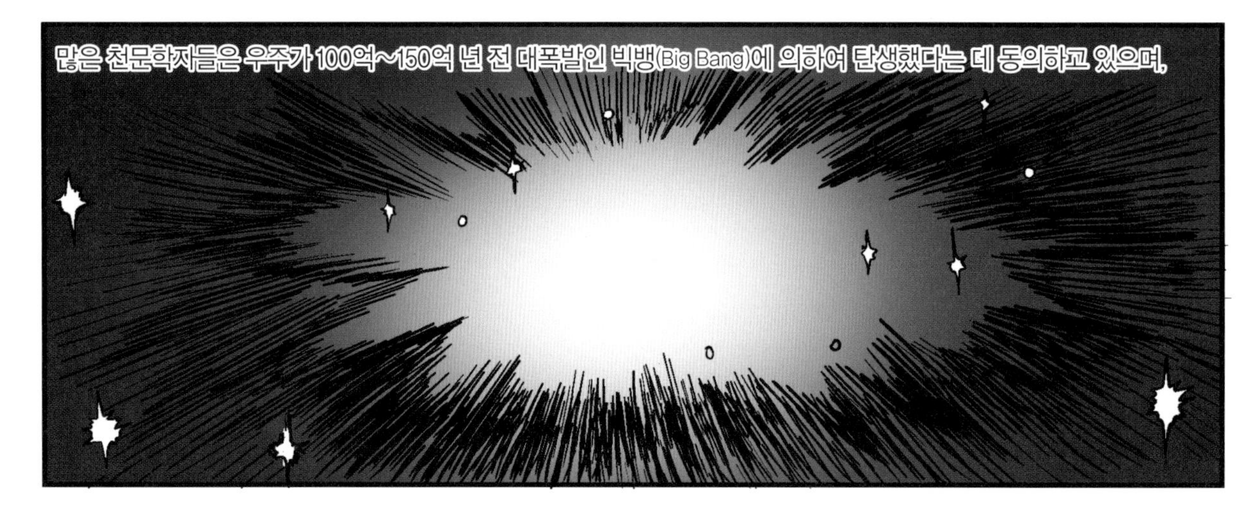
많은 천문학자들은 우주가 100억~150억 년 전 대폭발인 빅뱅(Big Bang)에 의하여 탄생했다는 데 동의하고 있으며,

2009년 미국의
항공우주국(NASA)은
NASA

우주의 나이를 137억 년이라고
발표한 바 있어.
내가
최고 어른!

지구의 나이를 측정하면
약 45억 6,000만년쯤 된다고 해.
아빠.
그래, 길
조심하고.

고대 인류는 점점 문명이 발전하며 밤하늘의 별을
보고 방향을 찾거나 계절의 변화를 읽는 방법을
익혔는데,
북두칠성이
하늘의 중앙에
있으니
여름이군.
쪽
둔하긴.
나한테 이렇게
물리고도
몰라.

특히 별은 밤에 방향을 찾는 가장 좋은 실마리였어.
우리나라가
북쪽이니,
북극성을
따라가자.

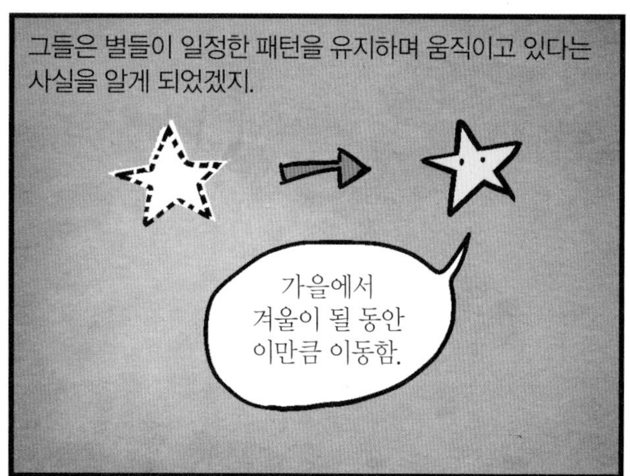
그들은 별들이 일정한 패턴을 유지하며 움직이고 있다는
사실을 알게 되었겠지.
가을에서
겨울이 될 동안
이만큼 이동함.

또 이 별들이 밤하늘에 놓여 있는 위치에 따라
간지럽다.
작은곰자리를
보니 여름이군.

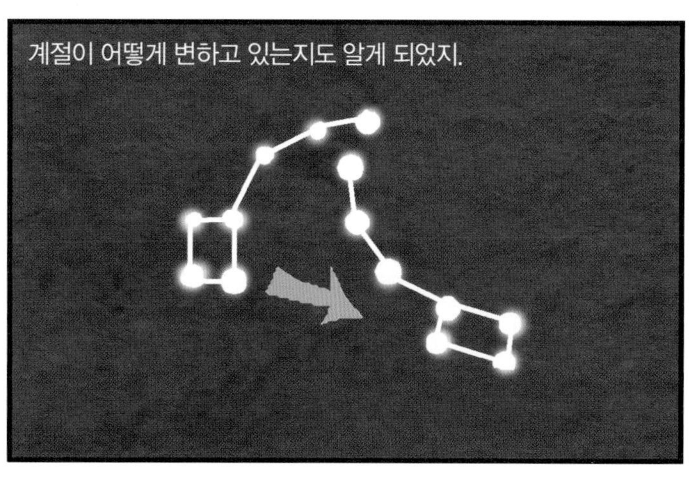
계절이 어떻게 변하고 있는지도 알게 되었지.

해와 달 그리고 별은 인류 최초의 이정표였을 뿐만 아니라 첫 번째 시계이기도 했어. 그들이 처음으로 만든 시계는 해시계였고, 그 외에도 물시계, 모래시계, 기름시계 등등 많은 종류의 시계를 고안했지.
저 별이 떴으니 밥 먹을 시간이네.
해시계
물시계
모래시계
저땐 학교 조금 지각해도
안 혼났을 텐데…….

고대 인류는 하루의 시간이나 날짜 또는 달을 세기 위해
밤과 감을 많이 먹을 수 있는 달이 왔군.

나무에 홈을 내서 표시하거나
열다섯 번째 달이 제일 크고 예뻐.

하루가 지날 때마다 돌멩이를 하나씩 옮겨 표시했어.
오늘도 태양신께서 뜨셨다.
쿵

새김눈 하나는 하루, 새김눈 둘은 이틀과 같이 표시한 거지.
하루, 이틀…….

그들은 달이 찼다가 지고 다시 차는 데

거의 30일이 걸린다는 것을 알았어.
한 달이 지나니 손톱 방향이 바뀌었다.

그래서 그들은 30일이 지날 때마다 조금 더 큰 새김눈으로 표시했어.
꾸욱
깍!
한 달.

그리고 큰 새김눈 12개가 지나면 다시 원래의 계절이 된다는 것을 알아냈어.

이 12개의 큰 새김눈은 360일로
12개의 큰 새김눈을 허비했으니 네게서 1년을 가져가겠다.
앗!

거의 1년에 가까워.
당신이 날 노처녀로 만들었으니 책임지세요!
질질
바지는 잡지 마!

이것이 달을 기준으로 하는 최초의 달력이었지.
휭—
꽥!
널 남자들이 많은 시대에 떨어뜨려 주마!

결국 인류는 수렵생활을 접고 한곳에 정착하기 시작했는데,
서방님, 사냥 안 해?
이젠 길러서 잡아먹을 거야.

그래서 기존에 있던 대충 만들어진 달력은 이제 충분하지 않게 된 거야.
어? 13일인데 보름달이 뜨네.
이곳 달력이 좀 이상해.

1년이 360일인 달을 이용한 달력을 사용하여 계절을 예측했다면,
서방님, 지금 쓰고 있는 달력은 360일인 달을 이용하고 있지요?
응, 그렇지.

첫 해에는 5일 정도의 오차가 있었겠지만,
슥슥

10년이 지나면 50일의 오차가 있게 되니까 이 달력은 쓸모없게 되는 거예요.
음, 똑똑한 여자…….

그래서 사람들은 좀 더 정확한 태양을 이용한 달력을 사용했지.
내가 새로 만들겠어요.
대단해.

하지만 세월이 흐르며 태양을 기준으로 하는 달력도 문제가 있음을 알게 되었어.
더 새로운 달력을 만들어야 해.
마치 미래에서 온 것 같아.

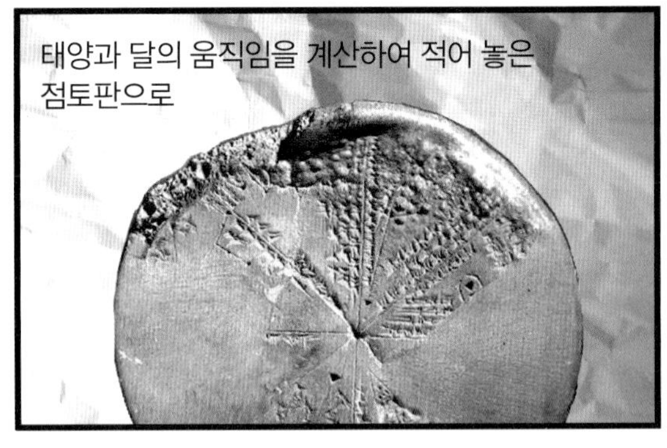

아리스타르코스(Aristarchus, 기원전 320년~기원전 250년경)

하지만 그의 이런 주장은 증명할 수 없었기 때문에
증명해 보시지.

터무니없는 것으로 여겨졌지.
하하하!

당시엔 아리스토텔레스의 시각이 절대적으로 신봉되어

행성들은 일정한 속도로 원형 궤도를 돌고 있다고 생각했거든.
어.
안전 거리 유지.

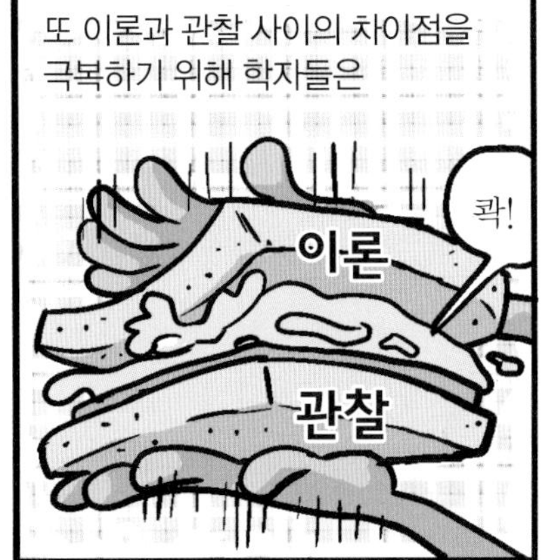
또 이론과 관찰 사이의 차이점을 극복하기 위해 학자들은
콱!
이론
관찰

주전원 개념을 도입했어.
주전원 개념

행성들은 지구를 중심으로 큰 원 궤도를 돌고 있으며, 각각은 다시 작은 원 궤도를 돌고 있다는 거지.
행성
지구
주전……자?
주전원!!
앗, 뒷목!

그러면 행성의 일정한 속도는 다양하게 변할 수 있고,
어허, 거리 유지!

동시에 행성의 움직임도 완벽한 원 궤도가 아니라고 해도 원형의 궤도로 설명할 수 있었어.

프톨레마이오스(Claudius Ptolemaeus, 85년~165년)

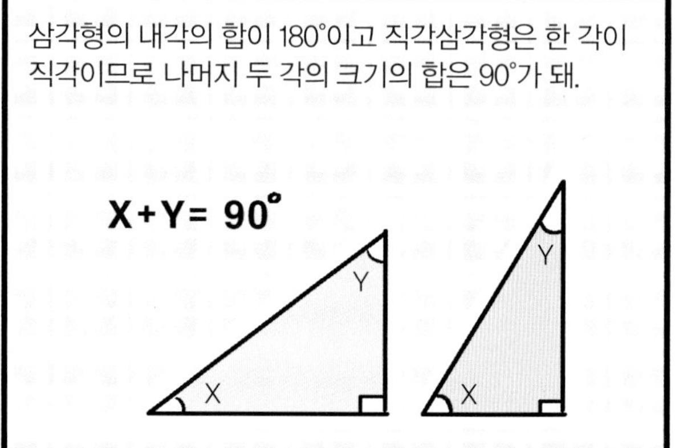

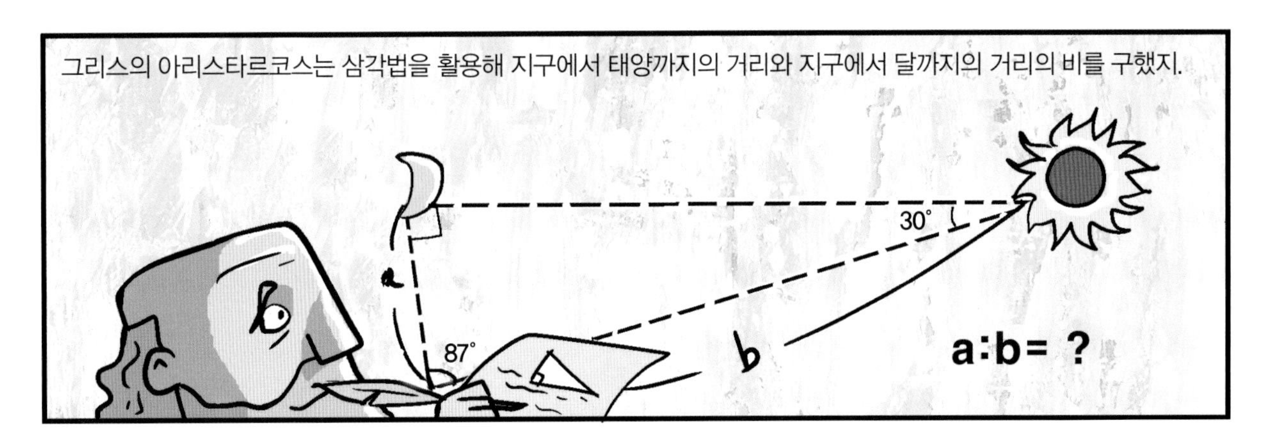
그리스의 아리스타르코스는 삼각법을 활용해 지구에서 태양까지의 거리와 지구에서 달까지의 거리의 비를 구했지.
30°
a
87°
b
a:b= ?

삼각법은 중세의 거의 전 기간에 걸쳐 천문학의 한 곁가지였지만
천문학
삼각법

점성술과 관련되어 있기도 했단다.

그러나 르네상스 시대에 들어서면서

삼각법은 새로운 항해술을 발견하거나

코페르니쿠스가 태양중심설을 증명하는 데 이용되기도 했어.
삼각법
태양 중심설

코페르니쿠스 이전의 천문학 이론은 프톨레마이오스의 천문학이었지.
지구가 우주의 중심!

그런데 코페르니쿠스는 지구를 우주의 중심에서 주변으로 이동시키고 대신 그 자리에 태양을 앉혔어.
저리 가 있어.
아야

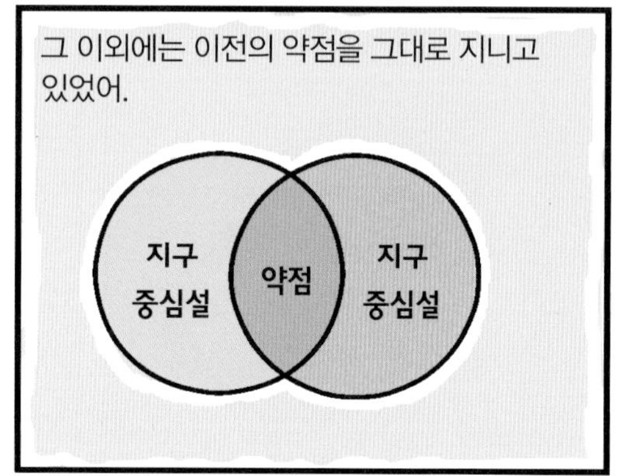

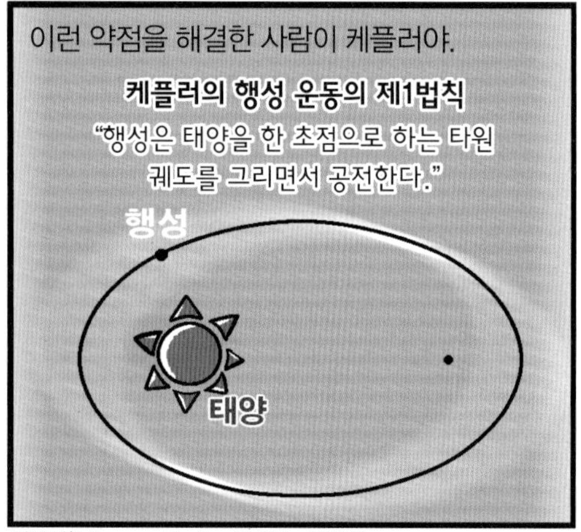

케플러(Johannes Kepler, 1571년~1630년)

지동설의 정당성을 입증했어.
지동설
정당성

케플러는 새 이론으로 하늘의 움직임을 예측할 수 있는 달력인 '루돌프 표(1627년)'를 작성했으며,
NOUA ORBIS TERRARUM MERIDIANO TABB.
DELINEATIO SINGULARI RUDOLPHI
RATIONE ACCOMMODATA ASTRONOMICARUM

그 계산법으로 삼각함수 이론이 더욱 발전할 수 있었어.
삼각함수
이론

천문학의 새로운 시대가 열린 것은
천문학

망원경의 발명과 삼각법 덕분이었어.
삼각법

그동안 연안을 항해했던 배들을 먼 바다로 항해할 수 있게 해 주었고,

르네상스 시대의 세계 시장의 개척은 지리상의 새로운 발견을 가져오게 되지.

뿐만 아니라 항해, 전쟁, 공학, 무역 등 많은 분야에서 수치 계산이 중요시되고 있었는데
전쟁
항해
공학
무역

이런 요구에 따라 처음으로 등장한 것이 바로 로그(logarithm)야.
log

라플라스(Pierre-Simon Laplace, 1749년~1827년)

네이피어(John Napier, 1550년~1617년)

로그는 지수의 사용에 의한 곱셈은
지수의 덧셈으로,

$$\log_a x^3 \times \log_a x^2$$
$$= \log_a x^{3+2}$$

나눗셈은 지수의 뺄셈으로
간단히 변화시킬 수 있기 때문에

$$\log_a x^3 \div \log_a x^2$$
$$= \log_a x^{3-2}$$

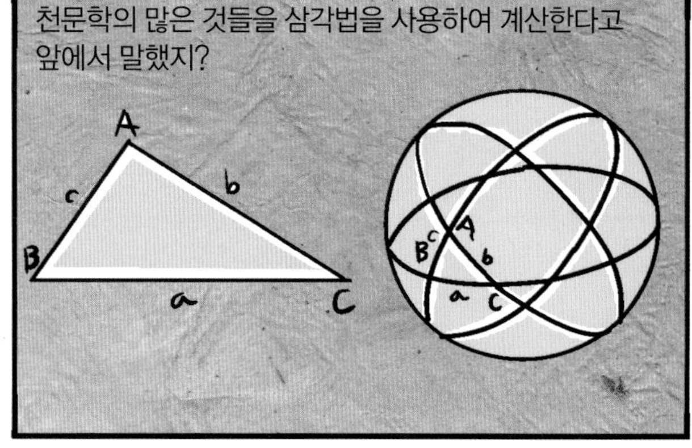

브리그스(Henry Briggs, 1561년~1631년)

그들은 1의 로그 값이 0, 10의 로그 값이 1, 그 외의 로그 값이 10의 적당한 거듭제곱이 되도록 수정하면 로그표가 더욱 유용하리라는 데 의견의 일치를 보았어.

log1=0
log10=1
log100=2
log1000=3

이것이 오늘날의 로그가 탄생하게 된 동기야.

1971년에 니카라과 정부는 세계에서 '가장 중요한 수학 공식 10개'에 관한 우표를 발행했는데,

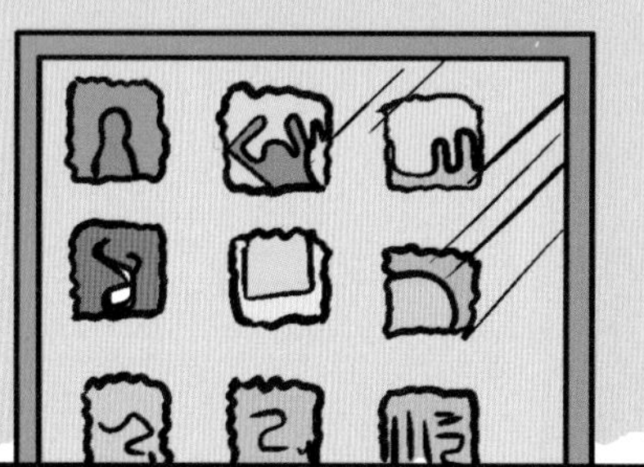

그 중 하나가 바로 로그였어.

천문학의 발전에서 빼놓을 수 없는 사람이 바로 갈릴레이야.

갈릴레이(Galileo Galilei, 1564년~1642년)

일반적으로 갈릴레이를 물리학자 또는 천문학자라고 알고 있는데,

사실 그는 25세에 피사 대학의 수학 교수가 되었고,

1572년에 파두아(Padua) 대학의 수학 교수로 임명돼.

그는 파두아에서 30배율 이상의 망원경을 만들게 되는데

뉴턴(Isaac Newton, 1642년~1727년)

아인슈타인(Albert Einstein, 1879년~1955년)

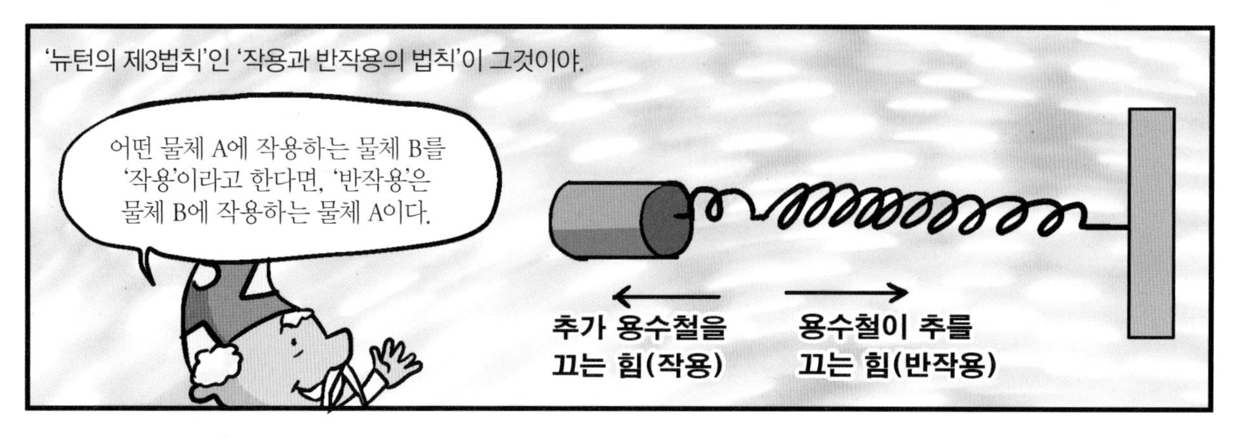

호킹(Stephen Hawking, 1942년~)

'각주구검(刻舟求劍)'과 '수주대토(守株待兎)'

고사성어란 '옛이야기에서 유래한, 한자로 이루어진 말'을 가리키는데, 우리가 자주 사용하는 고사성어를 통해 재미있는 수학적 개념을 알아보자.

'각주구검(刻舟求劍)'이라는 고사성어는 "배에다 새겨 놓고 검을 찾는다."라는 뜻이야. 중국 전국시대 초나라의 한 젊은이가 귀한 검 한 자루를 지닌 채 배를 타고 양자강(揚子江)을 건너고 있었어. 그런데 배가 강 한복판에 이르렀을 때 그만 실수로 손에 들고 있던 검을 강물에 떨어뜨리고 말았어. "이런. 이를 어쩐다." 젊은이는 얼른 허리춤에 차고 있던 단검을 꺼내더니 검을 떨어뜨린 그 뱃전에다 표시를 하면서 중얼거렸어. '검이 떨어진 곳은 여기니까 배가 닿으면 찾아봐야지!' 이윽고 배가 나루터에 닿자 그는 곧 옷을 벗어 던지고 표시를 한 뱃전 밑 강물 속으로 뛰어들었어. 젊은이는 배 밑을 샅샅이 뒤졌지만 검이 그 밑에 있을 리가 없었지.

각주구검과 비슷한 의미를 가진 고사성어로 '수주대토(守株待兎)'라는 말이 있어. "그루터기를 지키며 토끼를 기다린다."는 뜻인데, 어느 날 송나라의 한 농부가 길을 가다가 그루터기에 부딪혀 죽은 토끼를 줍게 되었대. 그런 일이 있은 후 그 농부는 모든 일을 제쳐 두고 날마다 그 그루터기에 앉아 토끼가 나타나기만을 기다렸다는 거야. 물론 토끼가 다시 나타나 그 그루터기에 부딪혀 죽을 리는 없었겠지?

각주구검이라는 고사에서 검을 떨어뜨린 젊은이는 어리석게도 강에 떠 있는 배에 위치를 표시했고, 수주대토라는 고사에서 농부는 그루터기를 지키며 토끼가 지나가기를 미련하게 기다렸지만, 수학적으로 생각해 보면 한 사람은 좌표평면에 한 점의 위치를 표시했으며, 다른 한 사람은 어떤 일이 일어난 위치를 정확히 알고 있었던 위치 표시의 선구자였어.

수학적으로 위치를 표시했다는 것은 좌표평면을 사용했다는 것이고, 이는 곧 해석기하학을 이용했다는 뜻이야. 17세기 초기의 수학에 있어서 가장 큰 업적은 해석기하학의 발전이라고 할 수 있는데, 해석기하학이란 기하학적인 고찰을 그에 대응하는 대

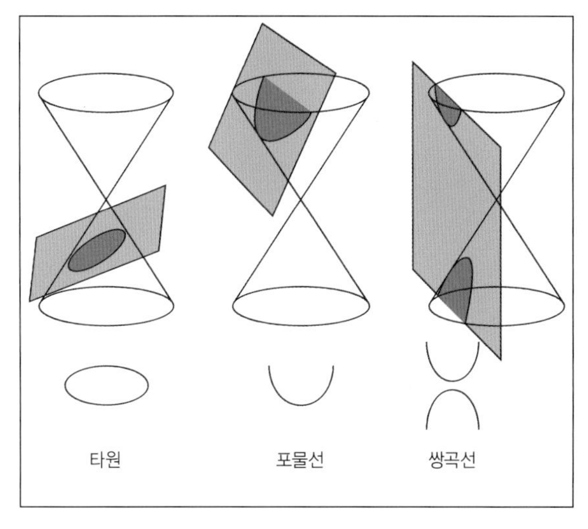

수적인 고찰로 바꾸어 놓는 것이란다.

예를 들면, 기하학에서 타원, 포물선, 쌍곡선을 원뿔곡선이라고 하는데, 원뿔곡선은 그림과 같이 두 개의 원뿔을 맞붙였을 때 자르는 방법에 따라 나타날 수 있는 기하학적인 모양이야. 고대 수학자들은 이와 같은 곡선들을 작도하는 방법과 그에 따른 여러 가지 성질을 밝혀냈지만 이런 곡선들을 오늘날과 같은 대수적인 식으로 표현하지는 못했지.

그러다가 데카르트(René Descartes, 1596년~1650년)가 좌표평면을 도입하고 대수적인 기호들을 본격적으로 사용하게 된 이후에는 타원, 포물선, 쌍곡선을 각각

$$\frac{x^2}{a^2}+\frac{y^2}{b^2}=1,\ y=ax^2+bx+c,\ \frac{x^2}{a^2}-\frac{y^2}{b^2}=1$$

과 같이 표현할 수 있게 됐어. 그리하여 비로소 기하학적인 도구가 아닌 대수적인 도구로 이들을 연구할 수 있게 된 거야.

유레카(Eureca : '알아냈다'라는 뜻의 그리스어.)

비트루비우스(Pollio Marcus Vitruvius, 미상)

아르키메데스는 순금으로 만들어진 신성한 왕관에 금 세공사가 몰래 은을 섞어서 만들지 않았는지 여부를 알아내기 위해 고민하고 있었어.
끙~.

그는 어느 날 공중목욕탕에 가게 되었는데,
앗, 뜨거!

탕 속에 앉아 있는 동안 문득 탕 밖으로 흘러나온 물의 양과 물속에 잠긴 그의 몸의 부피가 같다는 것을 깨달았지.
첨
벙

아르키메데스는 너무나 기쁜 나머지 탕 밖으로 뛰쳐나와

발가벗은 채로 거리를 달려서 집으로 돌아왔는데,

이때 그가 큰 소리로 소리친 말이 '유레카'라는 거야.
유레카!

하지만 이 너무나 유명한 이야기는 사실이 아닌 것으로 의심받고 있어.

이런 초보적인 관찰이 아르키메데스에게 큰 감동을 주지는 않았을 것이라는 거지.
수학 천재 아르키메데스 님은 아마추어가 아니라고!

플루타르코스(Plutarchos, 46년경~120년)

원기둥의 밑변의 반지름을 r, 높이를 h라고 하면 이 원기둥의 부피는 $\pi r^2 h$이고, 원뿔의 부피는 $\frac{1}{3}\pi r^2 h$이지.

또 내접하는 구의 부피는 $\frac{4}{3}\pi r^3$이야.
그런데 구가 원기둥에
내접하므로 원기둥의 높이는 $h=2r$이지.
내접하므로 원기둥의 높이와 구의 지름이 같구나.

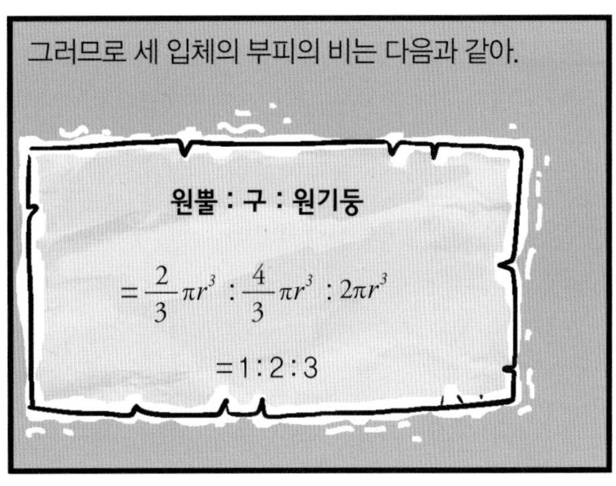
그러므로 세 입체의 부피의 비는 다음과 같아.
원뿔 : 구 : 원기둥
$=\frac{2}{3}\pi r^3 : \frac{4}{3}\pi r^3 : 2\pi r^3$
=1:2:3

아르키메데스는 1, 2, 3으로 된 이 비율처럼 아름다운 것은 없다고 했어.
1
2
3
참 아름다운 모양이야.

왜냐하면 당시의 그리스 철학자들은

우주는 수학적으로 조화롭게 짜여 있으며,
5
2
4
6
9
8

그중에서도 1, 2, 3 등의 정수가 가장 중요하다고 믿었기 때문이야.
1 2 3

아르키메데스는 군사 무기 발명으로도 명성을 떨쳤는데,
수학은 과학과 연결되어 있다고.

그가 만든 것으로는 사정거리를 조절할 수 있는 투석기,

로마군의 배를 들어 올릴 수 있는 기중기가 있어.

또 로프와 도르래가 장착된 쇠뇌는

거리가 힘으로 조절되는 지레의 원리를 이용한 무기야.

아르키메데스는 무게중심 이론을 만들면서

그 첫 단계로 지레의 법칙을 발견했어.
$M_1 \times a = M_2 \times b$
M_1
M_2
a
b

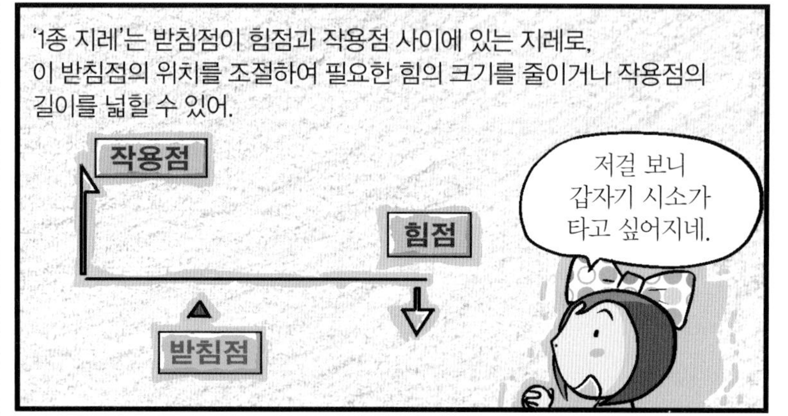
'1종 지레'는 받침점이 힘점과 작용점 사이에 있는 지레로, 이 받침점의 위치를 조절하여 필요한 힘의 크기를 줄이거나 작용점의 길이를 넓힐 수 있어.
작용점
힘점
받침점
저걸 보니 갑자기 시소가 타고 싶어지네.

'1종 지레'의 원리를 이용한 것으로는 시소, 양팔 저울, 펌프, 펜치, 가위, 장도리로 못을 뽑는 것 등이 있지.

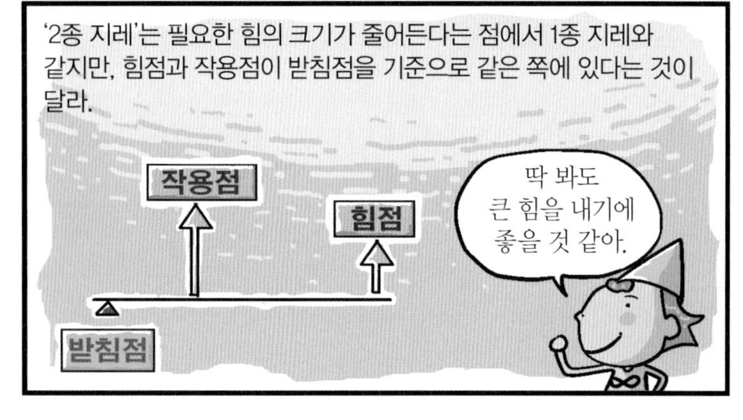
'2종 지레'는 필요한 힘의 크기가 줄어든다는 점에서 1종 지레와 같지만, 힘점과 작용점이 받침점을 기준으로 같은 쪽에 있다는 것이 달라.
작용점
힘점
받침점
딱 봐도 큰 힘을 내기에 좋을 것 같아.

2종 지레에는 병따개나 작두, 손톱깎이, 호두까기, 외발 손수레와 같은 것들이 있어.

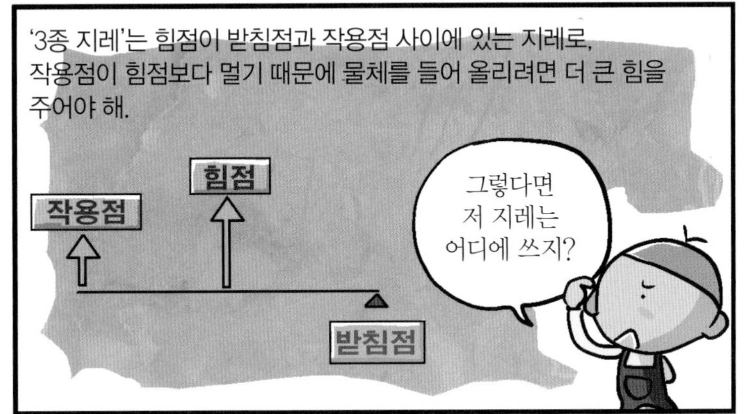

'3종 지레'는 힘점이 받침점과 작용점 사이에 있는 지레로, 작용점이 힘점보다 멀기 때문에 물체를 들어 올리려면 더 큰 힘을 주어야 해.
작용점
힘점
받침점
그렇다면 저 지레는 어디에 쓰지?

따라서 힘을 절약한다거나 물건을 들어 올리기엔 소용이 없지만,
끙~.
에구~

무거운 돌을 멀리 날려 보내기에 적합하지.
슝

3종 지레에는 전정 가위, 젓가락, 핀셋, 집게, 우리 몸의 팔, 스테이플러, 낚싯대를 이용한 낚시질 등이 있어.
물었다.

아르키메데스는 지레의 원리를 발견하고는 이렇게 말했대.
나에게 지탱할 장소만 주면 지구도 움직일 수 있다.

과학자들이 계산해 보니 아르키메데스가 지구를 들어 올리기 위해서는 길이가 140,000,000,000,000,000,000,000km인 지렛대가 필요하다는 결론을 얻었어.
우주 저 끝까지…….

아르키메데스의 '모래 계산' 이야기에 대해서도 알아보자.

아르키메데스 이전까지 그리스어로 나타낼 수 있는 최대의 수 단위는 기껏해야 10,000이었어.
그리스인들은 10,000을 M으로 표시했지.
MM이요?
화장실이
10,000M!

아르키메데스는 10,000의 10,000배, 즉 $10000\times10000=10^8$을 만들고 1부터 1억 미만의 수를 '최초의 옥타드(Octad) 수'라 했어.
$1\sim10^8$
최초의 옥타드
탁
그 뒤에 $나 ¥을 붙이면 안 될까?

'제2의 옥타드 수'는 1억부터 $10^8\times10^8=10^{16}$ 미만까지의 수가 되겠지.
₩이라도……

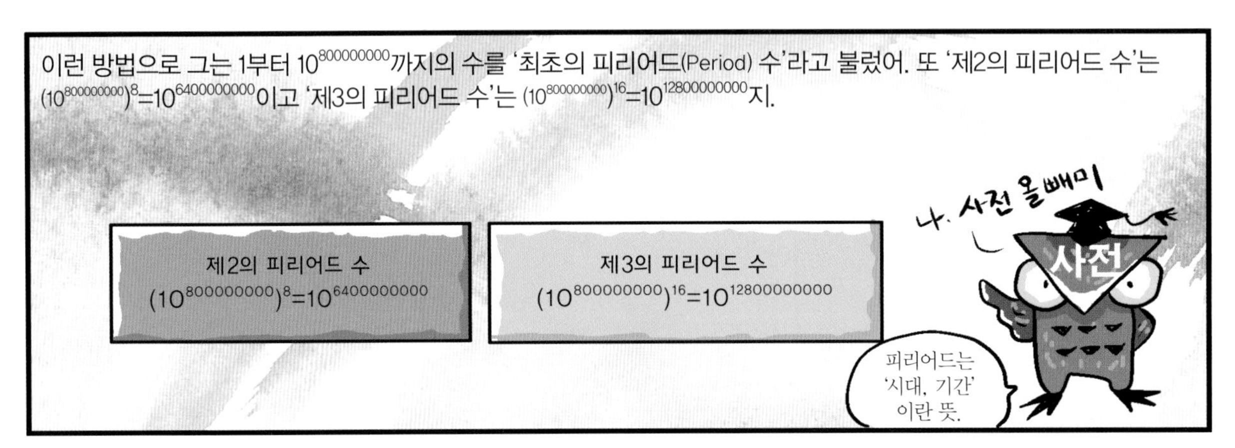

이런 방법으로 그는 1부터 $10^{800000000}$까지의 수를 '최초의 피리어드(Period) 수'라고 불렀어. 또 '제2의 피리어드 수'는 $(10^{800000000})^8=10^{6400000000}$이고 '제3의 피리어드 수'는 $(10^{800000000})^{16}=10^{12800000000}$지.
제2의 피리어드 수 $(10^{800000000})^8=10^{6400000000}$
제3의 피리어드 수 $(10^{800000000})^{16}=10^{12800000000}$
나, 사전 올빼미
사전
피리어드는 '시대, 기간'이란 뜻.

그는 수의 크기를 차례로 나타내어 감으로써
~1000삽

세상에 흩어져 있는 모래알의 개수는

최초의 피리어드 중의 '제7의 옥타드 천 단위인 10^{51}보다 적음을 밝혀냈어.
세상의 모든 모래알의 개수는?
제7의 옥타드 천 단위 보다 작다

일정한 부피의 입방체 안에 들어 있는 모래알의 개수를 알면, 지구의 크기를 알고 있으니, 세상에 흩어져 있는 모래알의 개수를 알 수 있다는 거야.
지구가 전부 모래라고 가정했을 때 세상의 모래량은 그보단 적을 테니.
지구

그는 또한 당시의 우주를
모래알로 모두 채우려면,
촤악-

모래알이 10^{63}개 있어야 한다고
계산했어.

그 당시 사람들이 알고 있던 우주는
저 반짝이는 별들은 신들의 눈이 아닐까?

지구, 태양, 달, 금성, 수성, 화성, 목성,
토성이 전부였는데,

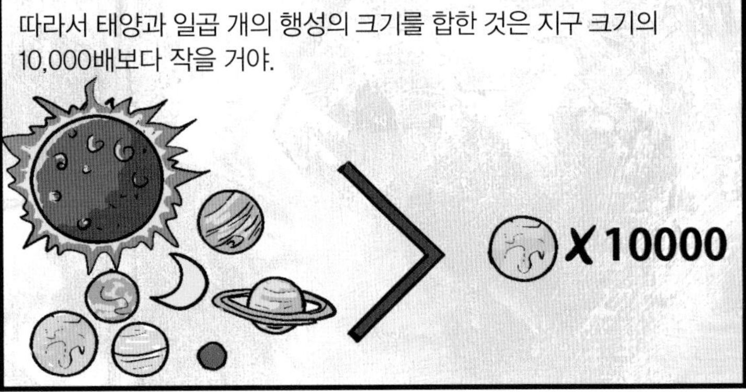
따라서 태양과 일곱 개의 행성의 크기를 합한 것은 지구 크기의
10,000배보다 작을 거야.
X 10000

즉, 태양과 일곱 개의 행성을 모두 채우는 모래알의 수는
$10000 \times 10^{51} = 10^{55}$개이고 $10^{63} - 10^{55}$개가 우주의 빈 공간을 채우는
모래알의 수야.
살려 줘~.

그런데 $10^{63} - 10^{55}$을 실제로 계산해 보면

1억 원에서 1원을 빼는 것과 같아.

따라서 당시에도 우주의 빈 공간을 얼마나 크게 생각했는지 짐작할 수
있겠지?
현대에도 우주는 미지의 세계.

그의 업적 가운데는 원주율 π를 구한 것도 있어.

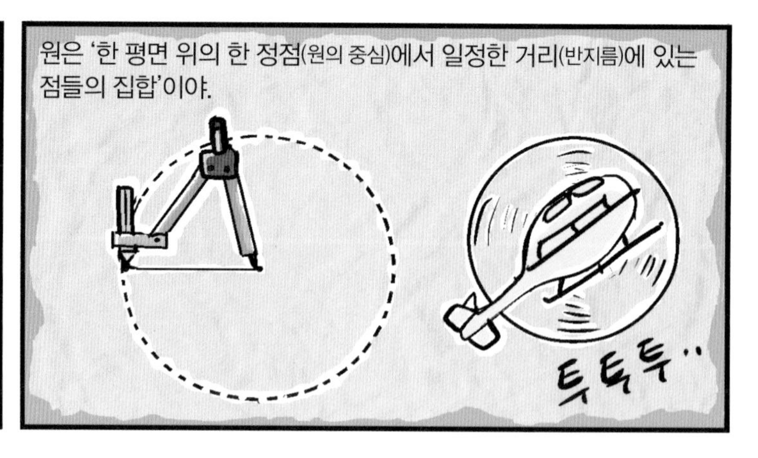

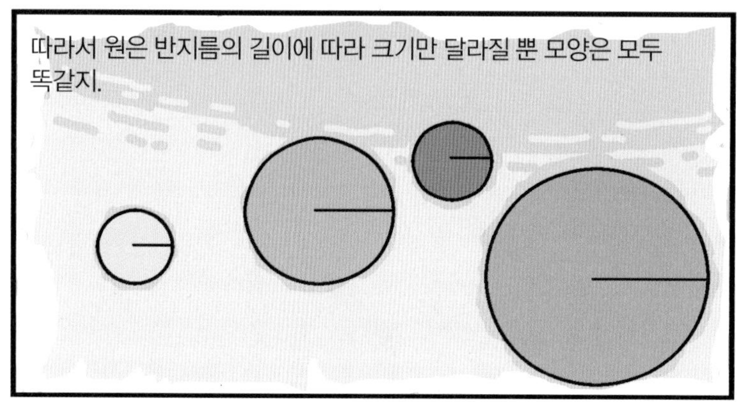

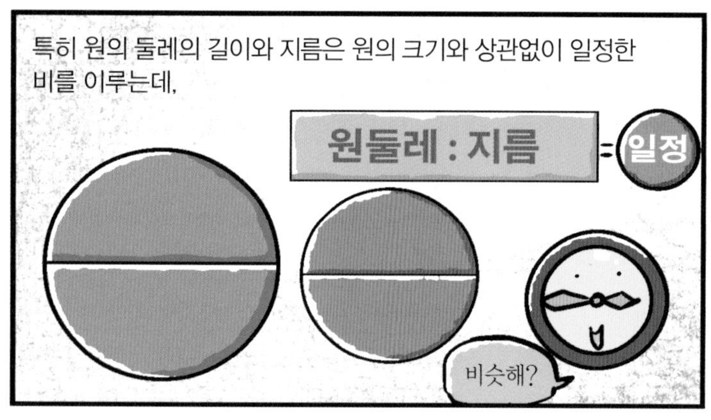

아르키메데스는 π값을 정확하게 구하기 위하여 노력했어.

그는 원에 내접하고 외접하는 정다각형을 이용하여 원의 둘레의 길이를 구했는데,

즉, (내접하는 정n각형의 둘레의 길이) 〈 (원의 둘레) 〈 (외접하는 정n각형의 둘레의 길이)이므로 원의 둘레의 길이의 근삿값을 구하는 방식이었지.
외접하는 정n각형의 둘레의 길이−내접하는 정n각형의 둘레의 길이=원의 둘레의 길이의 근삿값.

좀 더 자세히 알아볼까?

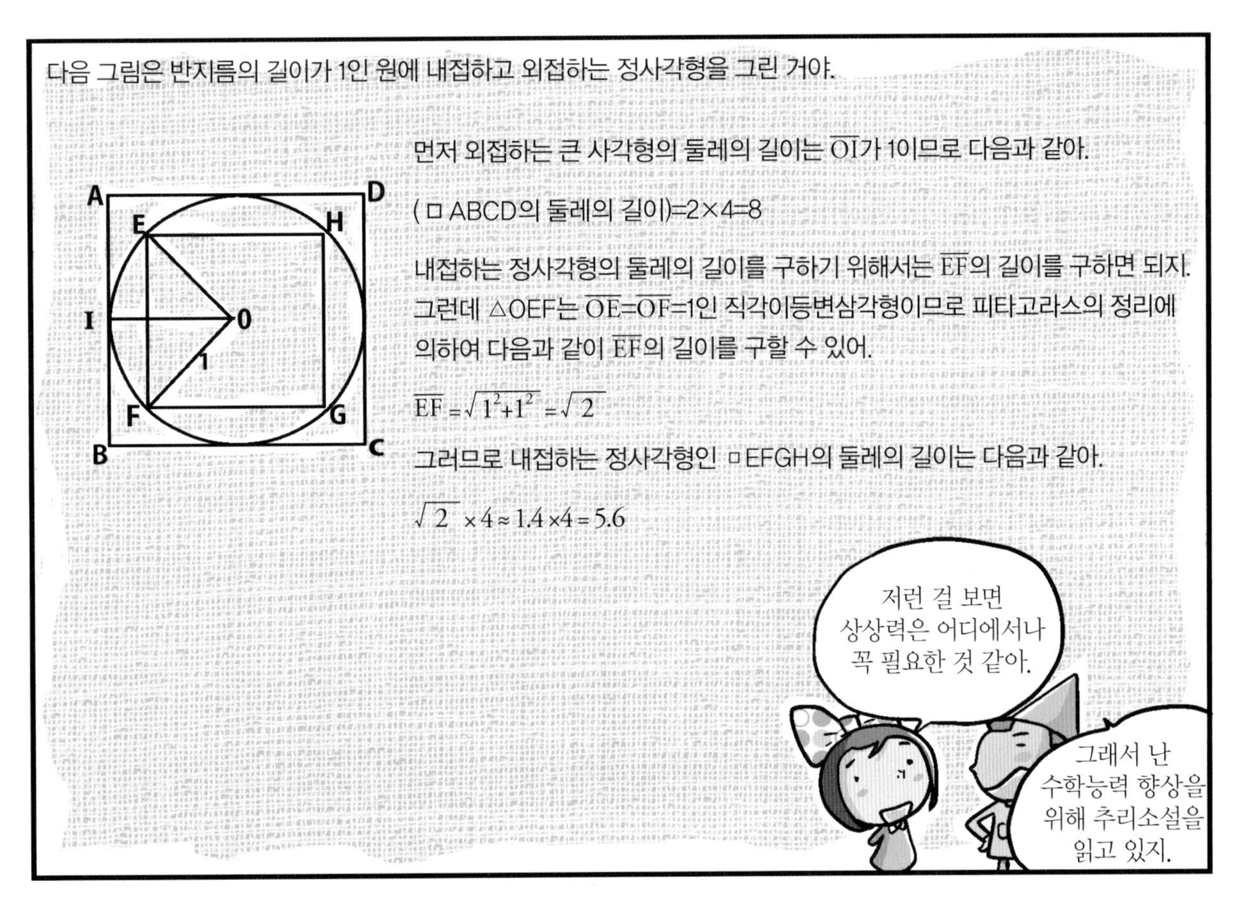

다음 그림은 반지름의 길이가 1인 원에 내접하고 외접하는 정사각형을 그린 거야.
A
D
E
H
I
O
1
F
G
B
C
먼저 외접하는 큰 사각형의 둘레의 길이는 $\overline{OI}$가 1이므로 다음과 같아.
(ㅁABCD의 둘레의 길이)=2×4=8
내접하는 정사각형의 둘레의 길이를 구하기 위해서는 $\overline{EF}$의 길이를 구하면 되지.
그런데 △OEF는 $\overline{OE}=\overline{OF}=1$인 직각이등변삼각형이므로 피타고라스의 정리에 의하여 다음과 같이 $\overline{EF}$의 길이를 구할 수 있어.
$\overline{EF}=\sqrt{1^2+1^2}=\sqrt{2}$
그러므로 내접하는 정사각형인 ㅁEFGH의 둘레의 길이는 다음과 같아.
$\sqrt{2}\times 4 \approx 1.4\times 4=5.6$
저런 걸 보면 상상력은 어디에서나 꼭 필요한 것 같아.
그래서 난 수학능력 향상을 위해 추리소설을 읽고 있지.

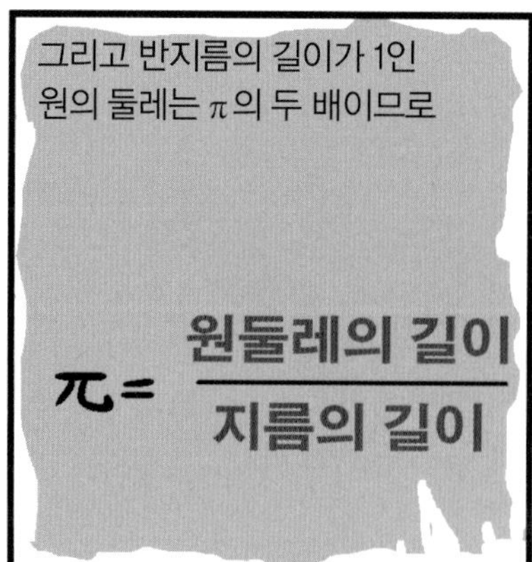

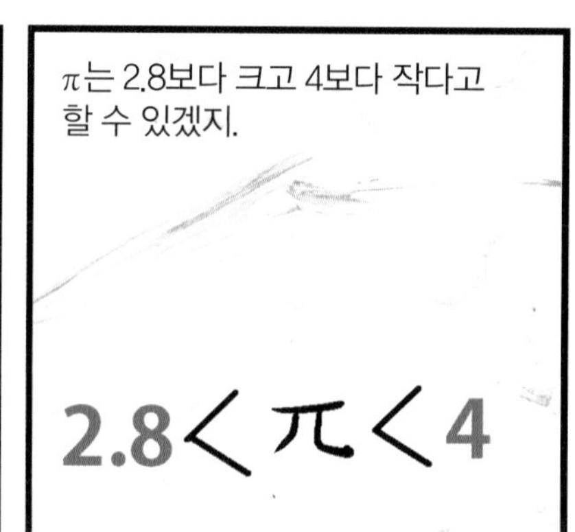

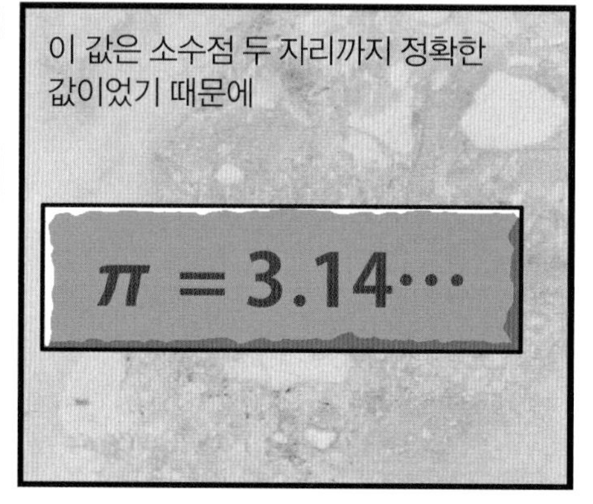

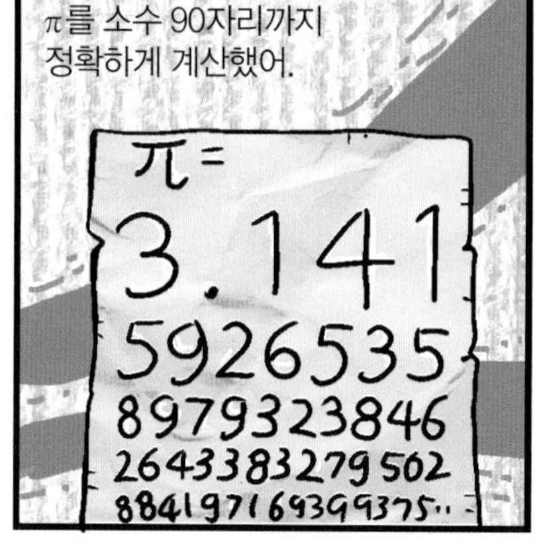

비에트(François Viète, 1540년~1603년)

1650년 영국의 수학자 월리스(John Wallis)는 다음과 같은 재미있는 식을 만들었지.
$\frac{\pi}{2} = \frac{2 \cdot 2 \cdot 4 \cdot 4 \cdot 6 \cdot 6 \cdot 8 \cdots}{1 \cdot 3 \cdot 3 \cdot 5 \cdot 5 \cdot 7 \cdot 7 \cdots}$
재밌나?
솔직히 말하면 그닥…….

π는 원이나 구에서 찾을 수 있는 특별한 값이야.
뭐해?
파이 찾아.

그리스 철학자 아리스토텔레스는

원과 구에 대하여 이렇게 말했어.
원과 구, 이것들만큼 신성한 것에 어울리는 형태는 없다.

그러기에 신은 태양이나 달, 그 밖의 별들, 그리고 우주 전체를 구 모양으로 만들었고, 태양과 달 그리고 모든 별들이 원을 그리면서 지구 둘레를 돌도록 하였던 것이다.
지구

다음은 뉴턴에 대해 알아보자.

뉴턴은 갈릴레이가 죽던 1642년 성탄절에 영국의 링컨셔의 울즈소프라는 작은 마을에서 태어났어.

어려서부터 과학에 관심이 많았던 그는 혼자 공부하고 실험하기를 즐겼다고 해.

그리고 케임브리지 대학교에서 수학과 자연철학을 배웠는데,

1664년 유럽에 페스트가 퍼져

유럽 인구의 3분의 1이 목숨을 잃은 일이 일어났어.
유럽

이 때문에 학교가 문을 닫아

뉴턴은 고향인 울즈소프로 돌아왔어.

바로 이 기간이 뉴턴에게는 가장 중요한 시기였지.

뉴턴은 1666년 울즈소프에서 세 가지 유명한 발견을 했어.
3가지 발견

그는 1668년 뉴턴식 반사망원경을 만들었는데, 이 망원경은 천체관측에 크게 공헌했지.

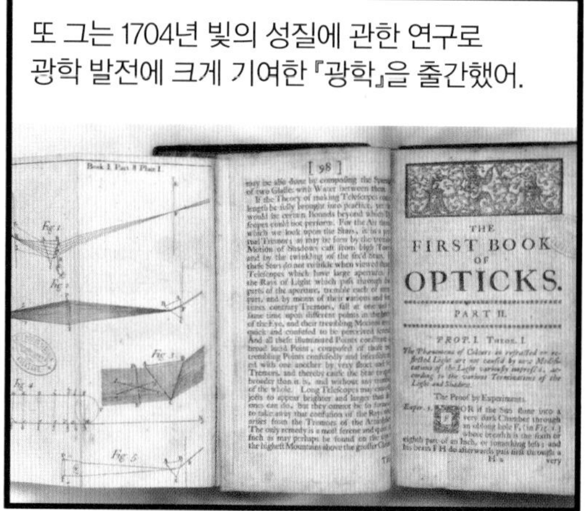
또 그는 1704년 빛의 성질에 관한 연구로 광학 발전에 크게 기여한 『광학』을 출간했어.
[98]
THE FIRST BOOK OF OPTICKS.
PART II.

미분은 끊겨 있지 않고 연속으로 매끄럽게 이어져 있는 곡선을 매우 작은 구간으로 나누어 전체 곡선의 성질을 알아보는 걸 말해.

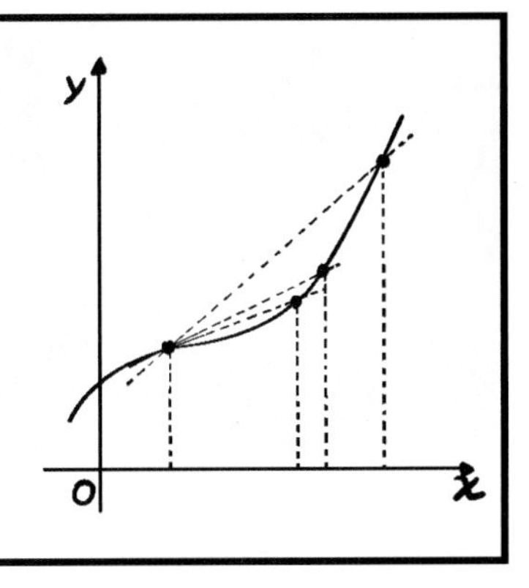

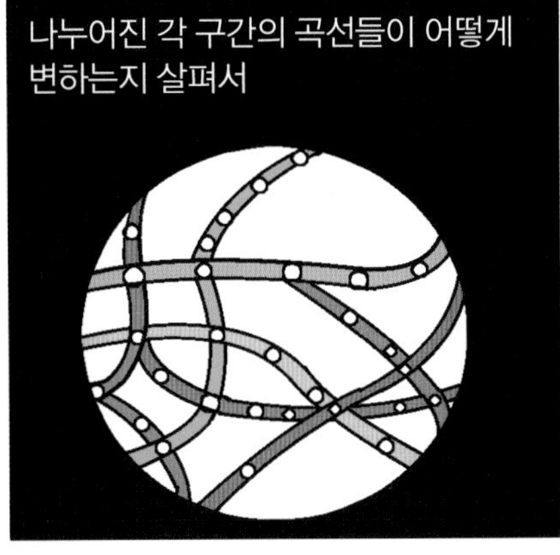

핼리(Edmund Halley, 1656년~1742년): 영국의 천문학자. '핼리혜성'은 그의 이름을 땄음.

라이프니츠(Gottfried Wilhelm von Leibniz, 1646년~1716년)

라그랑주(Joseph Louis Lagrange, 1736년~1813년)

한 개에 500원 하는 아이스크림을 여러 개를 살 때 지불하는 금액을 구하는 식은 다음과 같아.
500×(아이스크림의 개수)
2,000원으로 500원짜리 아이스크림을 몇 개 살 수 있게?
너무 쉽다. 4개지.

또 아이스크림 x개를 살 때 지불하는 금액은,
500×x
땡~! 답은 8개. 1+1 행사였거든.

이렇게 문자를 사용해 식을 나타내면 여러 가지 수량 관계를 간단히 나타낼 수 있어.
x, 당신의 진짜 모습은 대체 무엇이죠?
내게만 말해 줘요.

특히 문자를 사용하여 식을 나타낼 때는 곱셈기호 ×을 생략하고 500x와 같이 나타내.
나는 그 어떤 수도 될 수 있소. 날 잊지 마오.
슈웅—
아, x~!

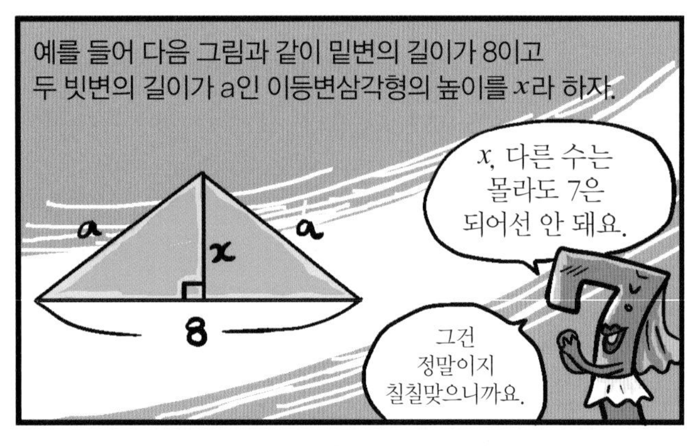
예를 들어 다음 그림과 같이 밑변의 길이가 8이고 두 빗변의 길이가 a인 이등변삼각형의 높이를 x라 하자.
a
x
a
8
x, 다른 수는 몰라도 7은 되어선 안 돼요.
그건 정말이지 칠칠맞으니까요.

이 이등변삼각형의 넓이와 둘레의 길이는 각각 이렇게 나타낼 수 있겠지?
$4x$, $2a+8$
수학학원 개 3년이면 공식을 외우지.

이때 $4x$, $2a$, 8을 '항'이라고 하고, $4x$, $2a$와 같이 문자를 포함한 항에서 수 4, 2를 각각 x, a의 계수라고 해. 특히 8과 같이 수만으로 된 항을 상수항이라고 해.
우리같이 임의의 수를 나타내는 기호를
계수라고 하지.
나 같은 숫자로만 되어 있는 항은 상수항.

또 $4x$, $2a+8$과 같이 1개의 항이나 2개 이상의 항의 합으로 이루어진 식을 다항식, $4x$와 같이 하나의 항으로 이루어진 식을 단항식이라고 하지.
$4x$
안고 가는 수는 누구예요?
계수요.

$3x^2$은 $3\times x\times x$와 같이 문자 x가 2번 곱해져 있어. 이렇게 항에 포함되어 있는 문자의 곱해진 개수를 그 문자에 대한 항의 '차수'라고 해.
$3x^2$
내가 차수.
어쩜, 애까지 딸렸네~.

따라서
$3x$는 일차식, $3x^2$은 2차식, $3x^3+x^2-x+1$은 3차식이지.
제일 큰 차수로 식의 이름을 붙이는구나.

또 $x-3x+2=0$과 같이 x의 값에 따라 참이 되기도 하고 거짓이 되기도 하는 등식을 x에 관한 방정식이라고 해.
내가 주연
내 값에 따라 참과 거짓이 정해져.
당신의 사랑은 거짓인가요.

이때 문자 x를 미지수라 하고
호적 등본
이름 : 미지수
계수라고 했나, 미지수라고 했나?

방정식을 참이 되게 하는 미지수 x의 값을 그 방정식의 해 또는 근이라고 하는데,
계수, 미지수, 해, 근…… 아이고, 어지러워~.

방정식의 해를 구하는 것을 '방정식을 푼다'라고 하지.
끙~
그 방정식을 풀어 해를…… 구하리라.

예를 들어 이차방정식 $x^2-3x+2=0$을 풀면 $x=1$ 또는 $x=2$가 이 등식을 만족하는데. 이 방정식의 근은 $x=1$ 또는 $x=2$라고 말할 수 있어.
$x=1$ or $x=2$
이젠 분신술까지! 이젠 나도 몰라~!!
쿵
이것은 인수분해.

그런데 이렇게 모든 방정식이 항상 근을 가질까?
답이 없는 문제도 있을 수 있지 않을까?
글쎄.

가우스는 이 문제에 대해 이렇게 말했어.
모든 n차의 대수 방정식은 항상 n개의 근을 갖는다.

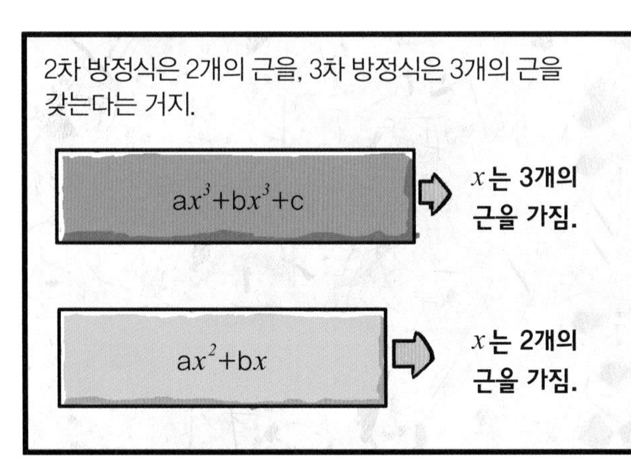
2차 방정식은 2개의 근을, 3차 방정식은 3개의 근을 갖는다는 거지.
ax^3+bx^3+c
x는 3개의 근을 가짐.
ax^2+bx
x는 2개의 근을 가짐.

그러나 가령 130차의 방정식이 실제로 130개의 근을 갖는지 어떻게 알 수 있을까?
$ax^{130}+bx^{129}-cx^{128}$
쩌엉
……!

130개의 근을 모두 구하는 것은 거의 불가능할 거야.
고깔아, 어딨니?
……

가우스가 박사학위 논문으로 제출한 것은 바로 이것에 관한 것이었어.
n차 방정식과 n개의 근

그리고 이것은 대수적인 문제를 해결할 때 기본이 되지.
대수적 문제

그래서 '대수학의 기본정리'라는 이름이 붙었고
대수학의 기본정리
가우스

훔볼트(Alexander von Humboldt, 1769년~1859년)

파프(Johann Friedrich Pfaff, 1765년~1825년)

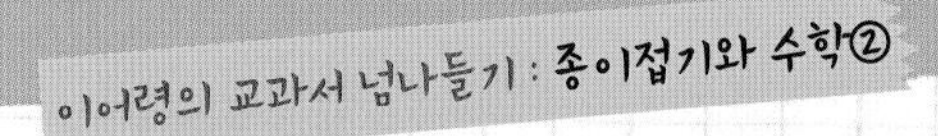

종이 한 장을 계속해서 반으로 접는다면?

'시작이 반이다'라는 말이 있지. 이 말은 어떤 일에 대한 행동의 중요성을 나타낸 것이기도 하지만, '반'이 사람의 마음에서 얼마나 중요한 기준이 되는지를 강조한 말이기도 해. 자연수 중에서 1을 제외하고 가장 작은 수 2와 그것의 역수인 '반', 즉 $\frac{1}{2}$의 위력은 우리가 생각하고 있는 것 이상으로 대단하단다.

몇 년 전, 미국의 한 여고생이 "종이 한 장을 계속해서 반으로 접는다면 언제까지 접을 수 있을까?"라는 문제를 수학적으로 멋지게 풀어내서 화제가 된 적이 있었어. 브리트니 걸리반(Britney Gallivan)이라는 이 학생은 종이를 반으로 접는 것에 관한 공식을 발견했을 뿐만 아니라 종이를 무려 열두 번 접어 보여 주위를 깜짝 놀라게 했지. 종이를 한쪽 방향으로만 접어 갈 때, t를 종이의 두께, L을 종이의 길이, n을 접는 횟수라고 하면 이들 사이에는 다음과 같은 관계가 성립한단다.

$$L = \frac{\pi t}{6}(2^n + 4)(2^n - 1)$$

예를 들어 두께가 0.1mm인 종이를 한쪽 방향으로 11번 접는다고 생각해 보자. 그러면 n=11이므로 2^{11} = 2048이고, π를 3.14라고 하면 다음과 같아.

$$L = \frac{3.14 \times 0.1}{6}(2052) \times (2047) \approx 219823mm$$

이것을 미터로 바꾸면 약 220m가량 돼. 즉, 얇은 종이를 한쪽 방향으로 11번을 접으려면 최소한 220m 길이의 종이가 필요하다는 이야기지. 그림을 보면서 생각해 볼까?

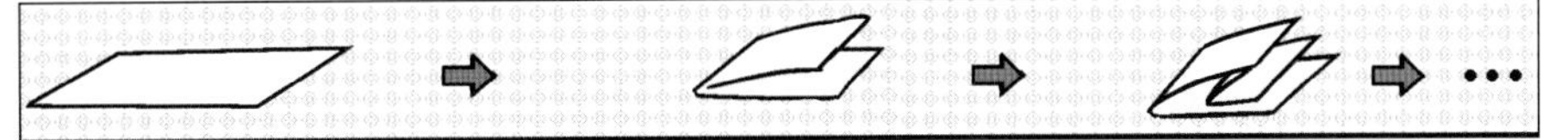

종이를 한쪽 방향으로 접는 경우

한 번 접는 경우는 $n = 1$이므로 $L = \frac{\pi t}{6}\times(6)\times(2-1) = \pi t$야. 따라서 종이를 한 번 접을 때 반원으로 접히는 경우가 최소의 길이이고 필요한 종이의 최소한의 길이는 πt야.

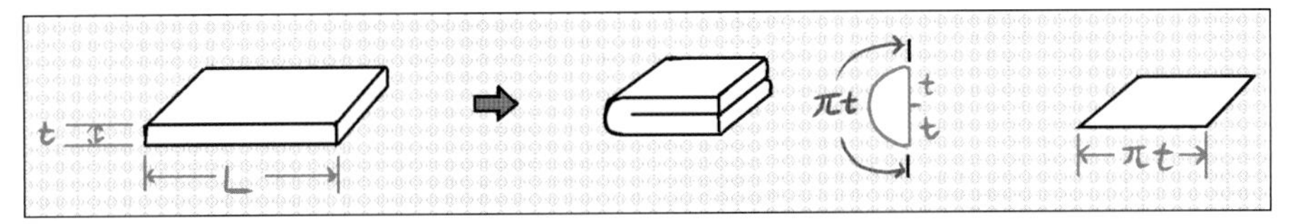

두께가 t인 종이를 한 번 접으려면 최소한 길이가 πt가 되어야 한다.

두 번 접는 경우는 $n = 1$이므로 $L = \frac{\pi t}{6}\times(8)\times(3) = 4\pi t$야. 따라서 길이가 $4\pi t$인 종이로 두 번 접으면 그림과 같이 반지름의 길이가 t인 작은 반원 두 개와 반지름의 길이가 $2t$인 반원의 둘레의 길이를 합한 것과 같고, 3번 접으면 $n = 3$이므로 $L = \frac{\pi t}{6}\times(12)\times(7) = 14\pi t$야. 둘레의 길이가 각각 $4\pi t$인 반원이 1개, $3\pi t$인 반원이 1개, $2\pi t$인 반원은 2개, πt인 반원은 3개가 있어야 하므로 이들을 모두 합하면 $14\pi t$가 되는 거지.

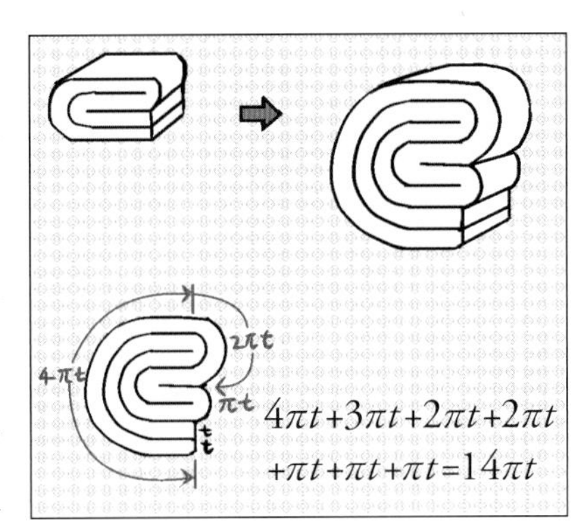

두께가 t=0.1mm인 종이는 최소한 길이가 4.4mm는 되어야 3번 접을 수 있지만 실제로는 이보다 더 길어야 접을 수 있다.

브리티니는 이렇게 n번 접을 때 종이의 최소 길이가 얼마인가를 알 수 있는 공식을 알아낸 거야.

대나무를 엮어 그 위에 글씨를 쓴 죽간. ©vlasta2

그럼 중국 수학을 유럽 수학과 비교해 볼까?
수학
VS
수학

유럽 수학은 일찍부터 지식 자체를 위한 학문으로 자리 잡은 데 비해,

중국 수학은 실용을 목적으로 하는 수단이나 기술의 성격을 띠고 있었어.
포의 길이와 탄의 무게로 사정거리를 계산하자.

또 중국 수학은 대수적 방법이 발달한 반면 기하학 분야는 전혀 다루지 않았어.
중국 수학
대수
기하학

중국 사람들은 계산술에는 능숙했지만
작년에 우리 가게에서 760냥어치 외상했지?
윽.
정확히 기억하는군.

이론을 증명하는 것에는 관심이 없었지.
옳지, 증명해 봐!
그러니까 그게…….

계산도 산목(산대)을 이용한 대수학이 주류였어.
대수학이란 수 대신 문자를 쓰거나 수학법칙을 간명하게 나타내는 걸 말해.

유럽에서 유클리드의 『원론』이라는 수학책이 학문 발전의 밑거름이 되었다면,
『원론』

『구장산술』이라는 책은 동양 최고의 수학책으로 중국뿐만 아니라 우리나라에서도 신성한 책으로 받아들여졌어.
구장산술

『구장산술』은 중국의 유휘가 주석을 붙여 펴낸 것으로 알려져 있는데,

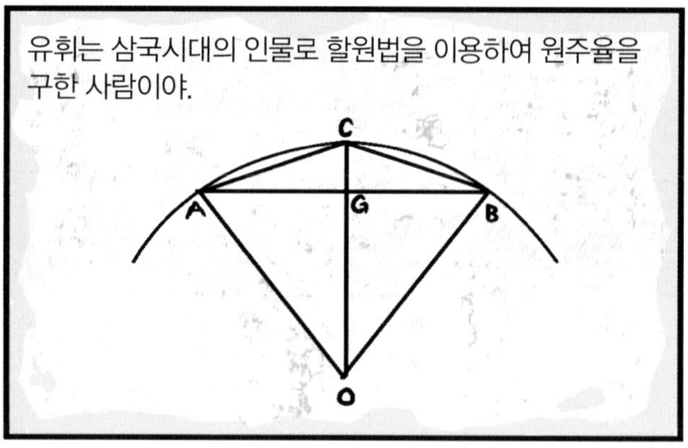
유휘는 삼국시대의 인물로 할원법을 이용하여 원주율을 구한 사람이야.
C
A
G
B
O

사실 원주율 π는 5세기경 조충지라는 사람이 3.141592까지 구했는데,

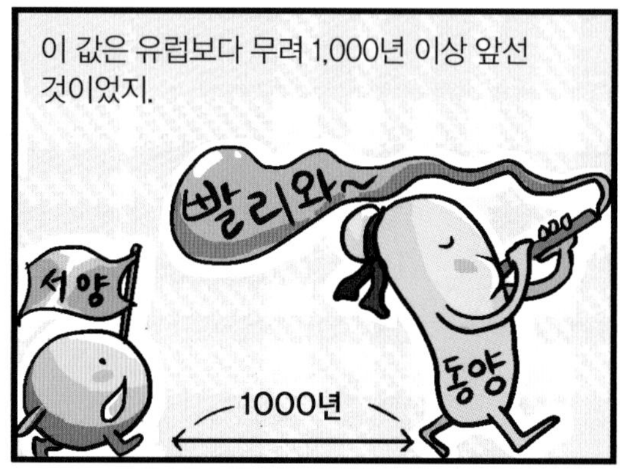
이 값은 유럽보다 무려 1,000년 이상 앞선 것이었지.
빨리와~
서양
동양
1000년

『구장산술』은 주로 당시의 관리들에게 필요했던 수학 지식을 모아 놓은 책으로,
오~.
구장 산술
우리에게 꼭 필요한 책이군.

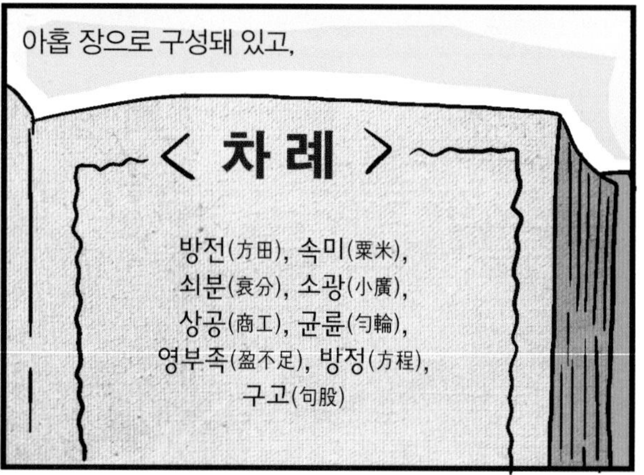
아홉 장으로 구성돼 있고,
< 차 례 >
방전(方田), 속미(粟米),
쇠분(衰分), 소광(小廣),
상공(商工), 균륜(勻輪),
영부족(盈不足), 방정(方程),
구고(句股)

246개의 문제가 실려 있는데,
Question
246
?

각각의 문제에 대한 답은 있지만
해 답
Answer

증명은 찾아볼 수 없어.
어째서 이런 답이 나오는 거지?

제1장 「방전」은 논밭의 측량 문제를 다루고 있는데, 사각형의 논밭 문제뿐만 아니라 삼각형, 사다리꼴 그리고 원형, 반원형, 부채꼴, 심지어 도넛형의 문제까지 있어.

방전: 사각형 모양의 논밭

여기서 흥미로운 사실은 원주율을 3으로 사용했다는 거야.

또한 간단한 분수 계산도 나오고,

특히 유클리드의 호제법과 같은 방법으로 최대공약수를 구하는 방법이 나오지.

유클리드의 호제법은 두 수의 최대공약수를 구할 때 큰 수에서 작은 수를 계속 빼서 얻는 방법인데, 예를 들어 두 정수 24와 38의 최대공약수는,

gcd(24,38)=gcd(24,38−24)=gcd(24,14)
=gcd(24−14,14)=gcd(10,14)
=gcd(10,14−10)=gcd(10,4)
=gcd(10−4,4)=gcd(6,4)
=gcd(6−4,4)=gcd(2,4−2)
=gcd(2,2)=2

gcd: greatest common divisor(최대공약수)의 약자.

제2장 「속미」에는 곡물을 교환할 때의 계산법을 다루고 있는데, 비례 문제가 나와.

속미란 상고시대의 주식인 조를 가리키는 말로 껍질을 까지 않은 상태를 말해.

문제를 볼까?
160전을 내고 기와 18장을
샀다면 기와 1장은 얼마인가?
160전
기와 18장

$160 : 18 = x : 1$
이것을 바꾸어
말하면 비례관계를
따지는 거야.

기와 한 장의 값은
8과 $\frac{8}{9}$전이군.
1장
8과 $\frac{8}{9}$전

제3장인 「쇠분」은
쇠분이란 물건을
똑같이 나누는 것이 아니라
차등을 두어 나눈다는
뜻이야.

고저의 차이가 있는 급료나 조세를 다루며 나타나는 비례관계를
계산하는 법을 다루고 있어.
내가 급료와
조세 계산법을
공부해야지.
구장
산술
푸헛
저 사람은
못 믿겠어.

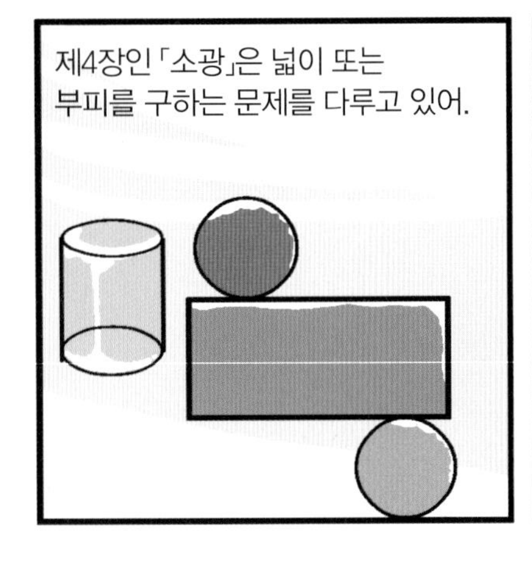
제4장인 「소광」은 넓이 또는
부피를 구하는 문제를 다루고 있어.

여기서
소광이란
줄이거나
늘인다는
뜻이야.

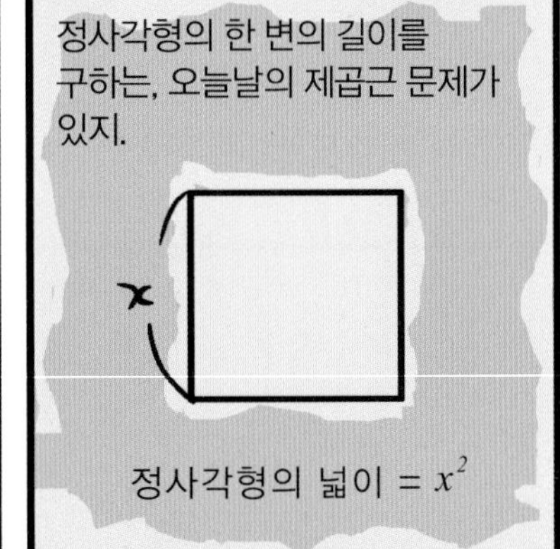
정사각형의 한 변의 길이를
구하는, 오늘날의 제곱근 문제가
있지.
x
정사각형의 넓이 $= x^2$

제5장인 「상공」은 주로 토목공사의 공정 문제를
다루고 있고,

제6장인 「균륜」은 백성에 대한 부역을 어떻게 공평하게
부과할 것인가를 다루고 있으며,

제7장인 「영부족」은 남거나 부족한 것을 가정할 때 맞는 수를 구하는 계산 방법에 관한 것이고,

제8장인 「방정」은 양수와 음수가 섞여 있는 1차 연립방정식의 해를 구하는 문제가 수록됐으며,
고깔아, y=2x-4, y=x+2라면 x, y값은 얼마야?
y=2x-4를 y=x+2에 대입해서 풀면 x=6, y=8이 되지.

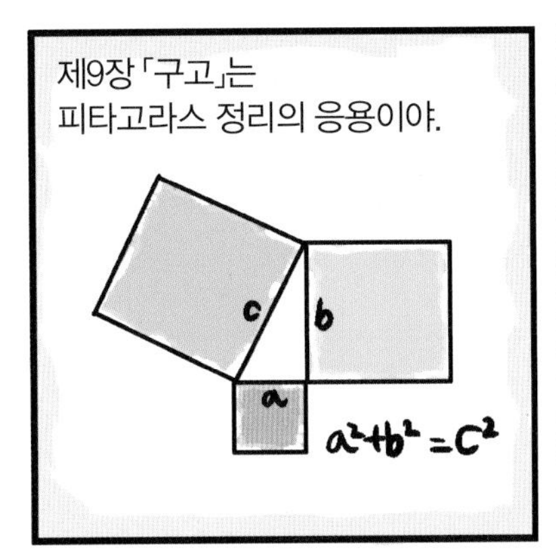
제9장 「구고」는 피타고라스 정리의 응용이야.
c
b
a
a²+b²=c²

즉, '구고현의 정리'의 응용인 셈이지.

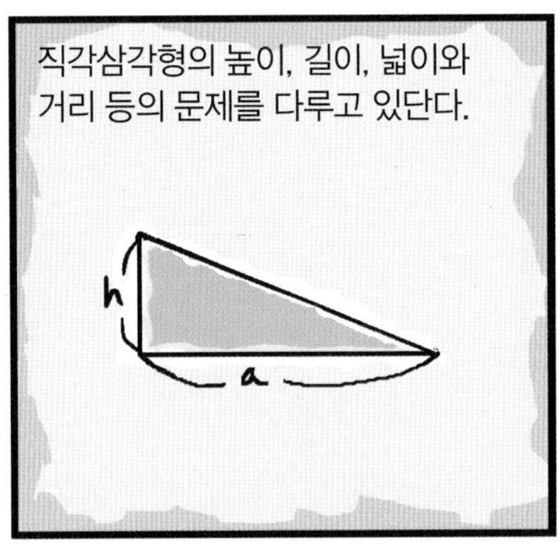
직각삼각형의 높이, 길이, 넓이와 거리 등의 문제를 다루고 있단다.
h
a

이처럼 훌륭한 책과 지식이 있었던 중국인데

근대 과학이 발전하지 못한 이유는 무엇일까?
!!
뚝-

이에 관해 아인슈타인은 그의 친구에게 이렇게 편지를 썼어.

과거 중국에 유클리드 기하학과 실험적인 방법이 결여되어 있었다는 것이 근대 과학의 탄생을 막은 가장 큰 원인이다.
...
유클리드 기하학
실험적 방법

사실 동양과 서양의 사고방식에는
차이가 있어.

서양인은 논리적인 사고를
중시했고

동양인은 논리적인 사고보다는
경험을 중요시했지.
두 개 중 하나를 먹어 버리면?
아삭
하나가 남지.

이제 본격적으로 우리나라의 수학에
대하여 알아보자.
한 놈, 두시기, 석 삼…….

우리의 역사는 같은 동양인
중국의 역사와는 다르게,
우리 왕조는 대체로 역사들이 짧다해.

신라 1,000년, 고려 500년,
신라 1,000년
고려 500년

그리고 조선 500년 등 각 왕조는 긴 세월 동안 그 체제를 유지해 왔어.
조선왕조
500년

반면 중국은 이만큼 오래간 왕조가
거의 없었지.
대한민국 무시할 거야?
미안하다해.

그 이유는 주어진 체제 내에서 가능한 한
합리적인 정치를 해 왔기 때문일 것인데,
정치
척-
체제

공정하고 합리적인 체제를 유지하기 위해서는 공정한 세법이
있어야 하고, 뛰어난 산학이 있어야 했겠지?
공정한 세법
뛰어난 산학

석굴암이나 황룡사 9층탑 등 우리의 아름다운 문화유산은 단순히 눈대중으로 만들어진 것이 아니야. 그 뒤에는 세계가 놀랄 정도로 뛰어난 과학의 힘이 숨어 있어.

한국 수학사의 중요한 자료인 김부식의 『삼국사기』를 보면,

신라의 교육 제도로 682년에 신문왕이 세운 국학이 있었는데,

거기에는 한 사람의 산학박사와 조교가 배치되었고,

교수 과목으로는 『철술』, 『구장(九章)』, 『삼개(三開)』, 『육장(六章)』 등이 있었어.

백제의 산학도 뛰어났어. 백제의 산학은 일본으로 건너가

일본의 산학제도에 영향을 미쳤는데

특히 『육장』은 일본에서 천문과 역산(曆算)을 맡는 관리의 교과서였어.

오행설: 모든 것을 목, 화, 토, 금, 수의 다섯 가지로 분류해서 생각하는 것.

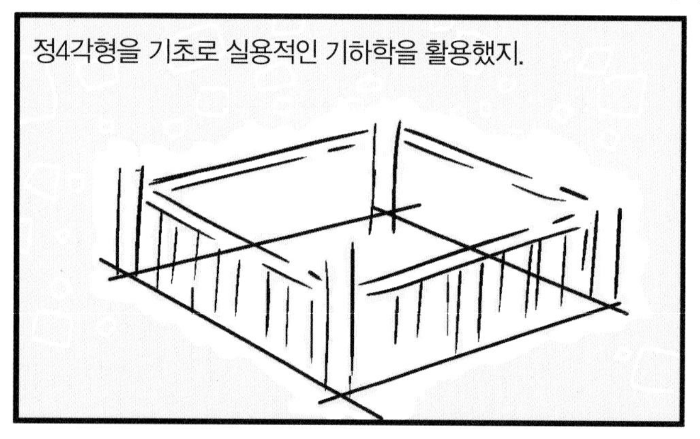

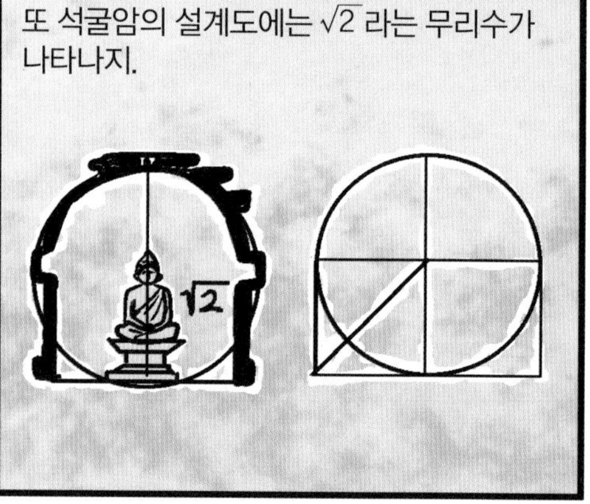

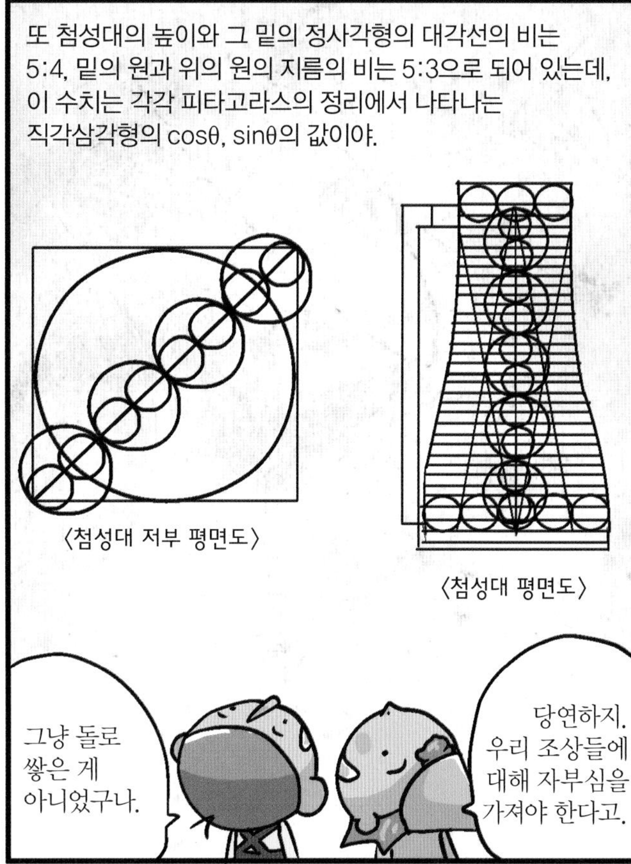

금강비: 우리나라 건축에서 나타나는 아름다운 비율(1:1.4).

고려 말 한반도의 총 농토가
80만 결이었던 것이

조선 태종 때가 되자 100만 결이
되었고,

세종대왕 때에는 180만 결이
되었는데,

여기에는 물론 새로 개간한
농지도 있었겠지만,

철저한 토지의 측량에 그
이유가 있다고 봐야 할 거야.

조선 초기에는 잡과산학을 전담하는
기술관리직이 크게 평가되었고,
율학
산학
역학

그 위치가 고정되어 감에 따라 중인이라고 불리는 특수한 신분
계층이 나타났는데,

이들은 수학에 있어서 뛰어난 업적을
남기기도 했지만

그들 사이의 문화가 너무나 폐쇄적이었기 때문에
조선의 수학은 발전하지 못했어.
수학

그들 자식들의 혼인도 산학자들 사이에서만 이루어질
정도였지.

최석정(1646년~1715년)

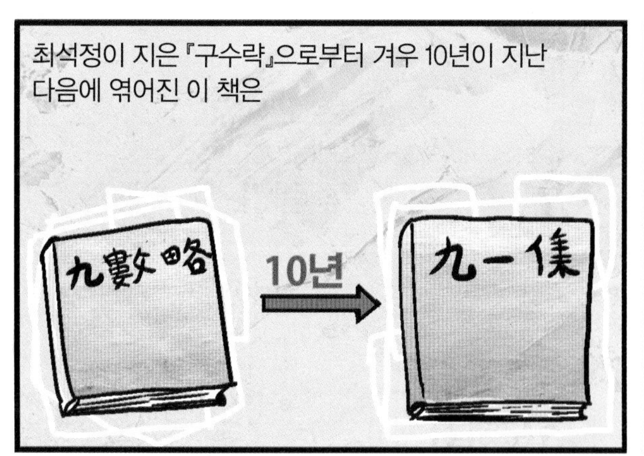
최석정이 지은 『구수략』으로부터 겨우 10년이 지난
다음에 엮어진 이 책은
九數略
10년
九一集

기존의 27개의 문제를 무려 166개로 확장시켰어.
우와, 엄청나!

조선 후기 수학자로는 문과에 급제하고
큰 벼슬을 한 남병길이 있는데,

그는 『시절기요』, 『성경』, 『성도의도설』, 『태양실누표』, 『측량도해』,
『구고술도요해』, 『산학정의』, 『구장술해』 등등 방대한 저작을
남겼어.

또 다른 인물로는 천문대 관리직에 있던 중인인 이상혁이
있어. 그는 『규일고』, 『익산』, 『차근방몽구』, 『산술관견』 등의
책을 저술했지.

이와 같이 많은 훌륭한 수학자가 있었는데
우리나라 수학이 발전하지 못한 이유는
무엇일까?
좀 꺼내 줘.
한국수학

그 이유는 우리나라의 수학은 논리 없는
직관에 의하여 얻어진 것이기 때문인데,
논리 없는 직관
으악!

이는 동양의 논리 경시 풍조에서 비롯된
것이었어.
논리는 쓸모없어.
직관

이번에는 정통 수학자가 아니면서 수학을 잘 활용한 사람을 알아볼까?
나 같은 사람이네. 개그맨도 아닌데 엄청 재밌잖아.
재미없어!

당시 수학을 이용하여 시를 쓴 사람이 여러 명 있는데,
주막
379282?
이게 뭐래?

그 가운데 한 명이 방랑시인 김삿갓으로 알려진 김병연이야.
삼치구이 빨리~.
꼬르륵

우선 무한과 관련한 시야.
일봉이봉 삼사봉(一峯二峯 三四峯) 하나, 둘, 셋, 네 봉우리
오봉육봉 칠팔봉(五峯六峯 七八峯) 다섯, 여섯, 일곱, 여덟 봉우리
수유갱작 천만봉(須臾更作 千萬峯) 잠깐 사이에 천만 봉우리로 늘어나더니
구만장천 도시봉(九萬長天 都是峯) 온 하늘이 모두 구름 봉우리로다.

구름의 속성상 한 조각의 구름은 무한의 구름이 될 수 있지.

즉, 구름을 소재로 무한을 생각한 김삿갓의 수학적 재치가 넘치는 시라고 할 수 있어.
가진 것도 하나 없는데 재치라도 있어야지.

이제 일대일 대응에 관한 그의 기발한 시를 한 편 소개할게.
네~

이 시는 어떤 사람의 회갑연에서 지은 시로

만수무강을 기원하는 내용이야.

칸토어(Georg Cantor, 1845년~1918년)

거년구월 과구월(去年九月 過九月) 지난해에도 구월산에 구월에 왔고
금년구월 과구월(今年九月 過九月) 올해에도 구월산에 구월에 왔네.
연연구월 과구월(年年九月 過九月) 해마다 구월산에 구월에 오니
구월산광 장구월(九月山光 長九月) 구월산의 경치는 언제나 구월이로구나.
콰
콰

김삿갓의 시에서도 볼 수 있듯이

우리 민족의 학문에 대한 정서는 논리보다는

가슴으로 느끼는 학문이었어.
가슴이 따뜻해져.

물론 이와 같은 사고방식은 수학과 과학을 연구하는 데 있어서는 큰 지장이 되었고,
윽!
수학
타
에구!
우리 민족 학문의 정서
과학

실제로 이것이 우리나라와 동양의 수학이 발전하지 못했던 이유 중 하나야.
치…….
동
양
의
정
서
수학

이번에는 중국과 우리나라에서 많이 연구되었던 마방진을 알아보자.
魔方陣
마방진은 정사각형 모양으로 나열하여 가로, 세로, 대각선으로 배열된 합이 전부 같아지게 만든 것.

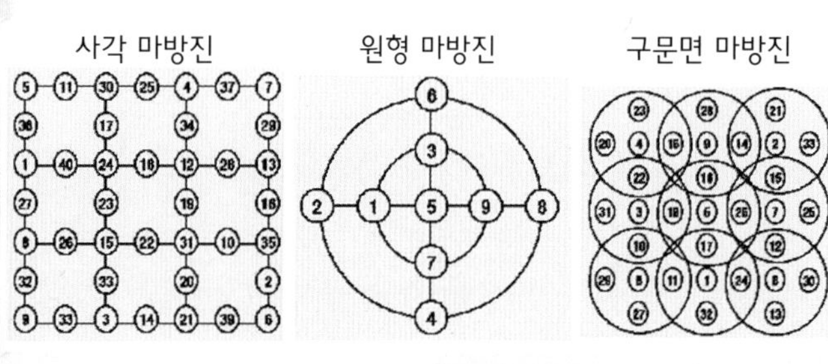

우리나라의 수학자 최석정은 여러 종류의 마방진을 만든 것으로 유명하지.
사각 마방진
원형 마방진
구문면 마방진

16	2	3	13
5	11	10	8
9	7	6	2
4	14	15	1

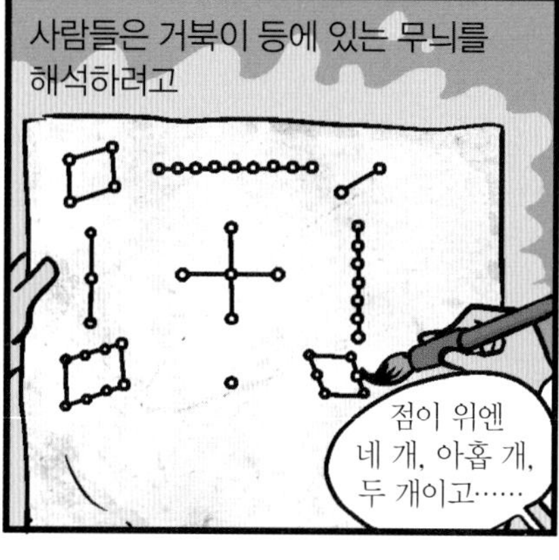

4	9	2
3	5	7
8	1	6

4	9	2
3	5	7
8	1	6

옛날 사람들에게 수의 이런 배열은
합해서 12!
알았어!
엡!
3
8
1

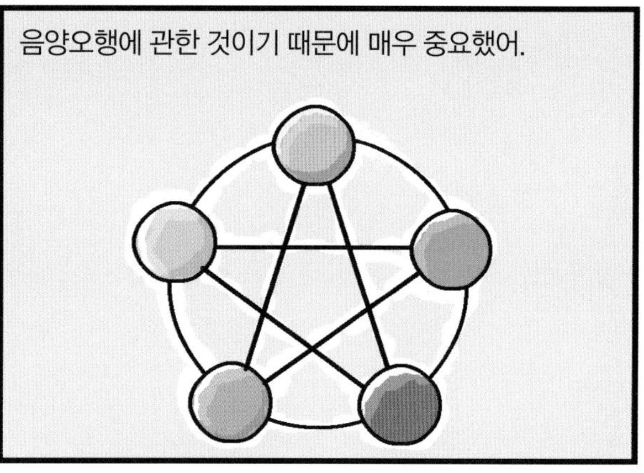
음양오행에 관한 것이기 때문에 매우 중요했어.

우리나라에서 마방진을 가장 열심히 연구한 사람은 조선 후기 최석정이야.
이거 은근히 중독이야.
가로세로 숫자퀴즈
터미널 퀴즈

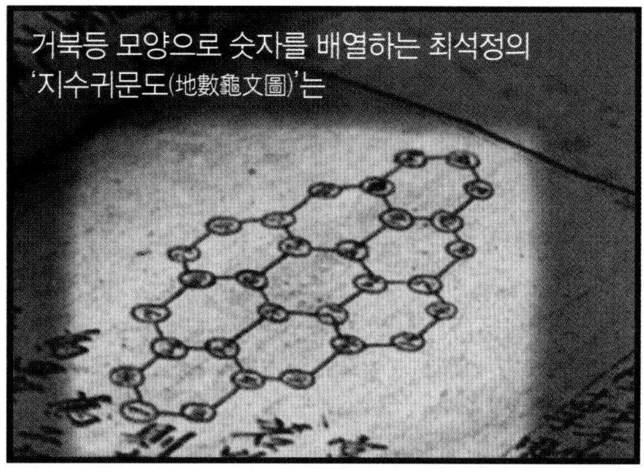
거북등 모양으로 숫자를 배열하는 최석정의 '지수귀문도(地數龜文圖)'는

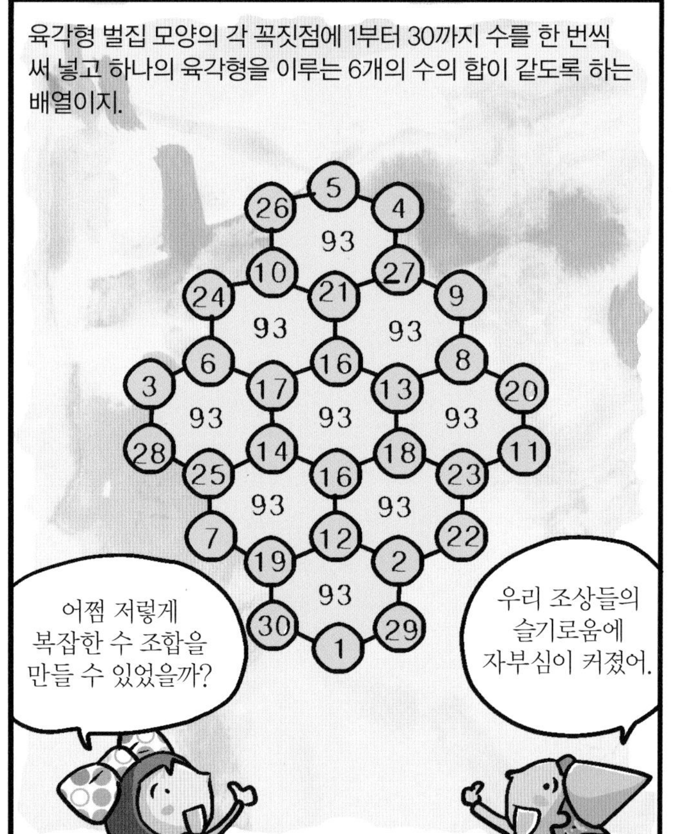
육각형 벌집 모양의 각 꼭짓점에 1부터 30까지 수를 한 번씩 써 넣고 하나의 육각형을 이루는 6개의 수의 합이 같도록 하는 배열이지.
5 26 4 93 10 27 21 24 9 93 93 6 16 8 3 17 13 20 93 93 93 28 14 18 11 25 16 23 93 93 7 12 22 19 2 93 30 29 1
어쩜 저렇게 복잡한 수 조합을 만들 수 있었을까?
우리 조상들의 슬기로움에 자부심이 커졌어.

최석정의 마방진은
심심할 때 혼자 계산해 보면 두뇌계발에도 좋아요~.

동서양을 막론하고 어떤 마방진보다도 독특하고 우수한 것으로 인정받고 있단다.
와~
와~
한국
서양
중국

〈쥬라기공원〉에 나오는 공룡의 뛰는 속도는?

혹시 〈쥬라기공원〉이라는 영화를 봤니? 이 영화 속의 주인공들은 티렉스(티라노사우루스)나 랩터(벨로시랩터)에게 쫓겨 도망 다니기 바쁘지.

그런데 이 영화를 만든 사람들은 티렉스나 랩터가 뛰는 속도를 어떻게 정했을까? 공룡 연구로 유명한 알렉산더 박사는 1976년 「네이처」지에 '공룡의 속도 측정'이라는 논문을 발표했어. 이 논문에서 박사는 중력가속도를 g, 공룡이 달릴 때의 보폭을 s, 공룡의 다리의 길이(둔부까지)를 h라 할 때 공룡의 달리는 속도는 다음과 같은 공식으로 구할 수 있다고 주장했어.

$$\text{공룡의 달리는 속도}(m/sec) = 0.25g^{0.5}s^{1.67}h^{-1.17}$$

여기서 중력가속도 $g = 9.8(m/s)$이므로 실제로 공룡의 속도를 알기 위해서는 공룡의 보폭과 다리의 길이만 알면 돼. 즉 위의 식은 다음과 같게 되지.

$$\text{속도}(m/sec) \approx 0.25\times9.8^{0.5}\times s^{1.67}\times h^{-1.17}$$

이를 사용하여 보폭(s)이 8m이고 다리의 길이(h)가 4m인 티렉스의 속도를 구하면

$$\text{속도}(m/sec) \approx 0.25\times9.8^{0.5}\times8^{1.67}\times4^{-1.17}$$

야. 그런데 $9.8^{0.5}$와 $8^{1.67}$ 그리고 $4^{-1.17}$의 값은 도대체 어떻게 구할까?

이와 같은 식의 값을 구하려면 거듭제곱이 무엇인지 알아야 해. 이를테면 a를 계속해서 4번 곱하는 $a\times a\times a\times a$의 경우는 문자를 사용하여 간단히 a^4으로 나타내지. 이와 같이 a를 4번 거듭하여 곱하는 것을 a의 4제곱이라고 해. 일반적으로 자연수 n에 대하여 n 제곱인 a^n은 a를 거듭하여 n번 곱하라는 뜻으로 a를 거듭제곱의 밑, n을 거듭제곱의 지수라고 해. $a \neq 0$, $b \neq 0$이고 m, n이 자연수일 때 거듭제곱의 지수에 관하여 다음과 같은 법칙이 성립한단다.

(1) $a^m a^n = a^{m+n}$ (2) $(a^m)^n = a^{mn}$ (3) $(ab)^n = a^m b^n$ (4) $a^m \div a^n = a^{m-n}$

한편, 제곱하여 8이 되는 수를 8의 제곱근, 세제곱하여 8이 되는 수를 8의 세제곱근이라고 해. 일반적으로 자연수 n에 대하여 어떤 수 x를 n번 곱하여 a가 되는 수, 즉 방정식 $x^n=a$를 만족시키는 x를 a의 n 제곱근이라고 하지. 그리고 a의 n 제곱근을 기호로 $\sqrt[n]{a}$로 나타내고 'n 제곱근 a'라고 읽으며 $\sqrt[2]{a}$는 간단히 $\sqrt{a}$로 나타내. 또 $a^{\frac{m}{n}}$은 양수 a^m의 양의 n 제곱근, 즉, $\sqrt[n]{a^m}$이므로 유리수 지수는 다음과 같이 자연스럽게 정의할 수 있어. $a>0$ 이고, m, n 이 정수이며 $n \geq 2$ 일 때

$$a^{\frac{m}{n}}=\sqrt[n]{a^m},\ a^{\frac{1}{n}}=\sqrt[n]{a}$$

가 성립하지. 그러니까

$$4^{-1.17}=\frac{1}{4^{1.17}}=\frac{1}{4^{\frac{117}{100}}}=\frac{1}{\sqrt[100]{4^{117}}}$$

가 돼. 계산기를 사용하여 소수 둘째 자리까지의 근삿값을 구하면 각각 다음과 같단다.

$$9.8^{0.5}=\sqrt{9.8}\approx 3.13,\quad 8^{1.67}=\sqrt[100]{8^{167}}\approx 32.22,\quad 4^{-1.17}=\frac{1}{\sqrt[100]{4^{117}}}\approx 0.20$$

이 값을 앞에서 주어진 공식에 대입하면

$$\text{속도}(m/sec)\approx 0.25\times 9.8^{0.5}\times 8^{1.67}\times 4^{-1.17}=0.25\times 3.13\times 32.22\times 0.2\approx 5$$

야. 그러므로 보폭이 8m이고 다리의 길이가 4m인 티렉스는 1초에 약 5m를 가는 속도로 달렸음을 알 수 있어. 이 속도를 우리가 보통 사용하고 있는 시속으로 바꾸면 시속 18km 정도로 달린 거야. 실제로 티라노사우루스는 약 20km의 속도로 달렸다고 알려져 있어.

8장 수학의 줄기

이제 우리가 학교에서 배우는 수학에 대하여
이야기해 보자.
수학

만약 2,000년 전의 그리스나 4,000년 전의 바빌로니아로
전학 가서 과학을 공부한다면 어떨까?
와, 멋지다!

현재의 우리가 당시의 학문을
공부한다면
우와!

무척 혼란스럽겠지만,
이게
무슨 뜻이야?

그러나 수학만은 지금처럼
친숙하게 보일 거야.
내가 아는
이등변
삼각형이다~.

바빌로니아의 친구들과 함께
이차방정식을 풀 수도 있고,
$x^2+x=0$에서 x의 값은?
−1 또는 0.

그리스인들과 기하학적인 작도를
할 수도 있어.

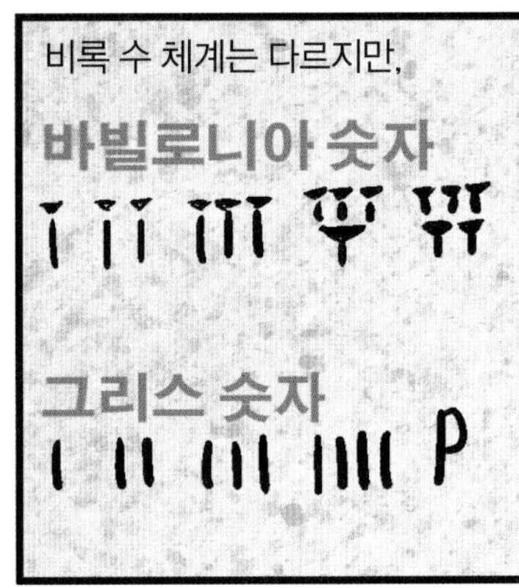
비록 수 체계는 다르지만,
바빌로니아 숫자
그리스 숫자

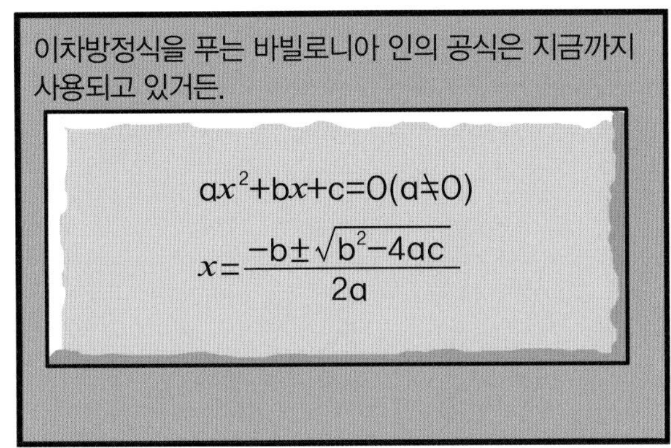
이차방정식을 푸는 바빌로니아 인의 공식은 지금까지
사용되고 있거든.
$ax^2+bx+c=0(a\neq0)$
$x=\frac{-b\pm\sqrt{b^2-4ac}}{2a}$

이것이 바로 시간과 문화적 환경에 구애받지 않는 수학의
근본적인 특성이야.
현재
바빌로니아
나이스 피처!
약 4000년

또 수학은 수학만의 독특한 특징을
갖고 있어.
독특해 보여?
수학

첫째, 수학은 쌓아 나가는
학문이야.
차곡 차곡

즉, 수학은 결코 영역이 줄어드는
분야가 아니고
수 학

끊임없이 외부로 경계를 넓혀
간다는 뜻이지.
후우
수 학

한때 훌륭했던 수학은 언제나
훌륭하며,
수학의 신

시간이 지난 후에도 수학적
지식의 일부분으로 남아 있어.
수학적 지식

수학의 이런 꾸준한 발전 형태는 어떤 이론이 급진적인 변혁에 의해 가치가 없어지거나 의미심장하게 되는 물리학의 발전과는 대조적이지.
친구, 왜 이리 작아졌나?
Help me
물리학

수학의 두 번째 특징은 연역적이라는 거야.
수학은 명백하게 서술된 공리들로부터 논리적 추론에 의하여 점진적으로 확립되는 학문이야.
수 학

쉽게 말해, 수학은 이미 배운 것을 기초로 하고 있으며,
일 더하기 일은?
이.

그 다음 내용의 전개에 반드시 필요하다는 거야.
이 빼기 일은?
일.

그래서 수학을 시작할 땐 반드시 처음부터 시작해야 해.
하나, 둘, 셋…….
수학

사실 우리가 오늘날 배우는 수학의 대부분의 내용들은

2,000년 전 선조들이 배우던 것과 별로 다르지 않아.

즉, 수학은 아주 먼 옛날부터 내용이 차곡차곡 쌓여 점점 더 영역을 넓혀 가며 인간의 지적 사고력을 높이는 동시에 과학 발전의 밑거름이 되고 있지.
수 학

그런데 학생들은 이런 중요한
수학을 많이 어려워하지?
안절
부절~

학생들이 수학을 좋아하게 되고
정복할 수 있기 위해서는
수
학

바로 그 단원의 차례를
이해해야 해.
차례
1. 곱셈과 나눗셈
2. 각도
3. 삼각형

차례는 "무엇을 배울 것인가?"와 "가장 중심적인 내용은
어떤 것인가?"를 알려 주지.
와, 차례만 봐도
훨씬 이해에
도움이 돼.
차례는 꼭 먼저
봐 줘야 한다고.

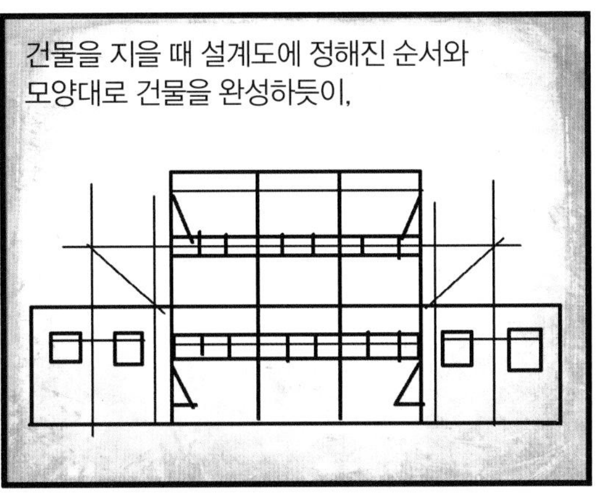
건물을 지을 때 설계도에 정해진 순서와
모양대로 건물을 완성하듯이,

수학도 차례에 따라서 공부가
진행돼.
1
2
3
4

건물을 지을 때 터를 잘 닦은
다음에

가장 먼저 세우는 것은 기둥이야.

기둥이 튼튼해야 건물이 무너지지 않고 오랫동안 서 있을 수 있지.

수학에서의 기둥은 바로 기하와 대수야.
수
학
기
하
대
수

이것을 기하학으로 바꾸면 "넓이가 4인 정사각형의 한 변의 길이를 구하여라."이고, 이 그림과 같아.

넓이 4인 정사각형

x

x

내가 아는 문제도 있었어.

쫌……!

따라서 기하와 대수는 서로 다른 분야인 것 같지만
기하네
대수네

이미 3,000년 전부터 통합되어 있었던 셈이야.
어?
기하
대수
안녕?

이와 반대로 17세기 프랑스의 철학자이자 수학자인 데카르트는
나는 '근대 철학의 아버지' 데카르트다.

그리스적인 전통을 뒤집어, 방정식을 이용하여 도형의 성질을 대수적으로 연구했어.

그는 평면에 좌표의 개념을 도입하여 도형을 식으로 나타내고 대수적으로 기하학을 연구하였는데,

이런 기하학을 해석기하학이라고 해.

오늘날 학교에서 다루고 있는 기하학은 해석기하학이야.
기하학

기하와 대수라는 기둥을 바탕으로
기하
대수

미분과 적분, 확률과 통계,
미분
적분
확률
통계
기하
대수

행렬과 그래프, 지수와 로그 등
로그
그래프
행렬
지수

수학에 새로운 분야들이 하나씩 등장하게 되었어.
수학

영역	중학교	고등학교
수와 연산	소인수분해, 정수와 유리수, 순환소수, 제곱근과 실수, 근호를 포함한 식의 계산	집합과 명제, 약수와 배수, 복소수, 등차수열, 등비수열, 지수와 로그, 수열의 극한, 급수
문자와 식	문자의 사용, 식의 계산, 일차방정식, 식의 계산, 연립일차방정식, 일차부등식, 연립일차부등식, 다항식의 인수분해, 이차방정식	다항식의 연산, 나머지 정리, 인수분해, 이차방정식, 고차방정식, 연립방정식, 수학적 귀납법
함수	함수와 그래프, 일차함수의 그래프, 일차함수와 일차방정식과의 관계, 이차함수의 그래프	이차함수, 이차함수의 활용, 여러 가지 부등식, 유리함수, 무리함수, 지수함수, 로그함수, 삼각함수, 함수의 극한, 함수의 연속, 미분법, 적분법
확률과 통계	도수분포표와 그래프, 확률과 기본성질, 대푯값과 산포도	경우의 수, 순열과 조합, 분할, 이항정리, 확률의 뜻과 활용, 조건부 확률, 확률분포, 정규분포, 통계적 추정
기하	기본도형, 작도와 합동, 평면도형과 입체도형의 성질, 삼각형과 사각형의 성질, 도형의 닮음, 피타고라스 정리, 삼각비, 원의 성질	좌표평면, 직선의 방정식, 원의 방정식, 도형의 이동, 부등식의 영역, 이차곡선, 평면곡선의 접선, 벡터의 연산, 평면운동, 공간도형, 공간좌표, 공간벡터

고등학교에서는 수학Ⅰ · Ⅱ에서
7개 영역,
고 2~3
수 학
다항식
방정식과 부등식
도형의 방정식
집합과 명제
함수
수열
지수와 로그

확률과 통계, 미적분 Ⅰ · Ⅱ,
순열과 조합, 확률
통계, 수열의 극한
함수의 극한과 연속
다항함수의 미분법
다항함수의 적분법
지수함수와 로그함수
삼각함수
미분법, 적분법

기하와 벡터를 배워.
평면 곡선
평면벡터
공간도형과 공간벡터

이처럼 중학교와 고등학교 과정의 수학을 종합하여 정리하면 8개 영역으로 나눌 수 있어.
중·고등학교 수학 과정
1. 수와 연산
2. 문자와 식
3. 기하
4. 함수
5. 확률과 통계
6. 행렬과 그래프
7.지수와 로그
8. 미분과 적분

어떤 분야는 얼핏 서로 관련이 없는 것 같아 보이지만,
우리 혹시 어디선가 만난 적 있던가요?
글쎄요. 처음 뵙는 것 같은데요.

이런 분야들은 더 높은 수준의 수학을 공부하도록 서로 복잡하게 얽히고 유기적인 관계를 형성한단다.
수 학

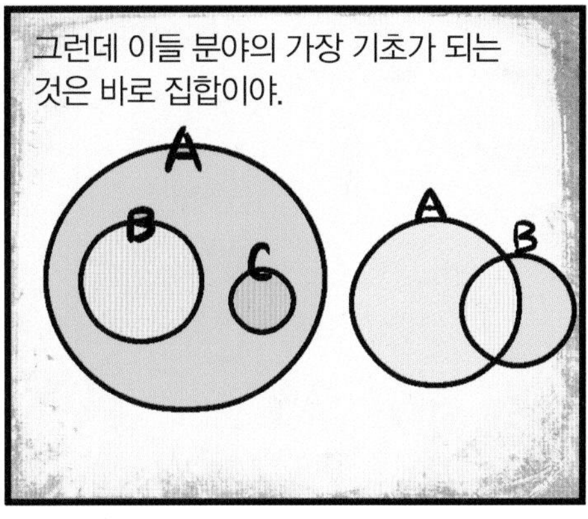
그런데 이들 분야의 가장 기초가 되는 것은 바로 집합이야.
A
B
C
A
B

수학에서 가장 기본이 되는 재료는 바로 '수'인데,
'수학'의 앞 글자가 '수'잖아.

수학에서는 수와 몇 가지 기호들을 잘 섞어야
파리 투나잇~.

훌륭한 내용을 지닌 수학을 만들 수 있어.
히히고~
수학 파티

그래서 수학에서 제일 먼저 해야
할 것은
주문
받겠습니다.

다루고자 하는 수가 무엇이며
수학
메뉴

그 수는 어떤 성질을 만족하는지를
아는 거야.
OK.

예를 들면 분자와 분모(0이 아니다)가 모두 정수인 분수로
나타낼 수 있는 수를 유리수라고 해.
1/5 · 13/10
수학에서 n/0은
정의되지 않는
수라고 한대.
분모는 왜
0이면
안 돼?

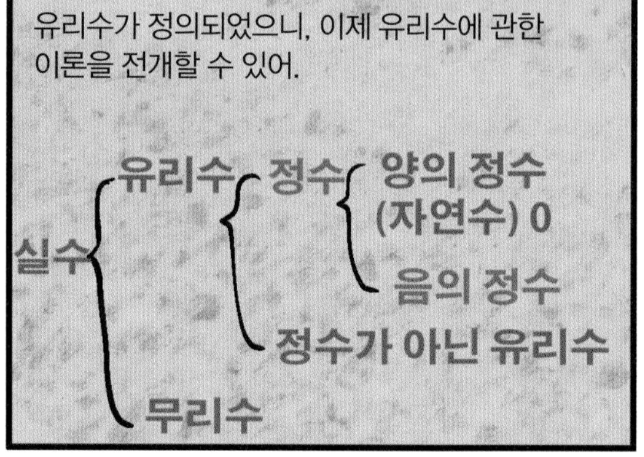
유리수가 정의되었으니, 이제 유리수에 관한
이론을 전개할 수 있어.
실수
유리수
정수
양의 정수
(자연수) 0
음의 정수
정수가 아닌 유리수
무리수

유리수에서 가장 먼저 생각할 수 있는 것이 두 수
사이의 사칙계산이야.
방가.
유리수

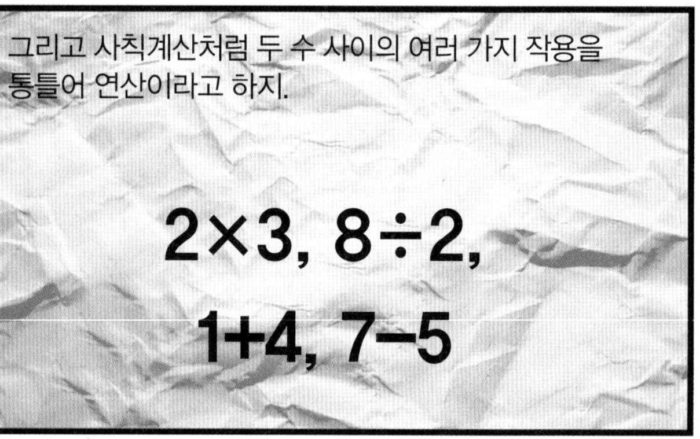
그리고 사칙계산처럼 두 수 사이의 여러 가지 작용을
통틀어 연산이라고 하지.
2×3, 8÷2,
1+4, 7−5

이렇게 수와 연산은 떼려야 뗄 수 없는
관계라고 할 수 있어.
연
산
수

집합에 따라다니는 것이
바로 명제야.
명제

'명제'는 수학적으로 참이나 거짓을
판별할 수 있는 문장이나 식을
말하며
명제

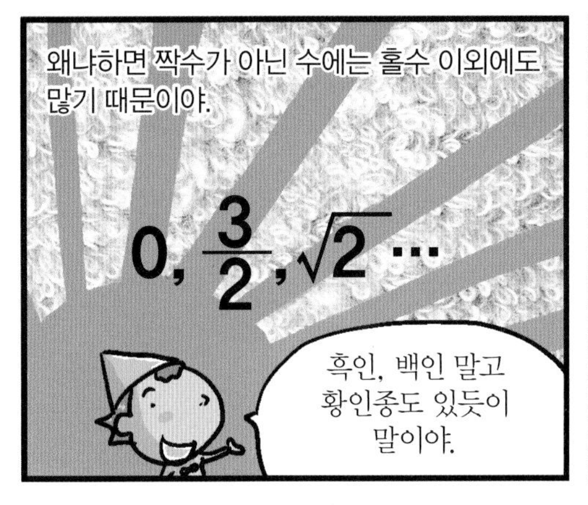

수학에서 사용되는 내용은 기본적으로 약속된 몇 가지 사실로부터 추론과 연역으로 만들어진 거야.

연역추론의 예
모든 삼각형의 내각의 합은 180도이다.
→ 한 내각을 제외한 나머지 내각의 합은 100도이다.
→ 그러므로 한 내각은 80도이다.

명제의 참, 거짓을 판별하는 방법으로 주어진 내용이 가치가 있는 것인지 판단해.
가치 기준
100
명제 내용
띠리리..

따라서 집합과 명제는 모든 수학의 기본이 되는 내용이라고 할 수 있지.
집합
수학
명제

수학에서 문자를 본격적으로 사용한 것은 15세기 전후야.

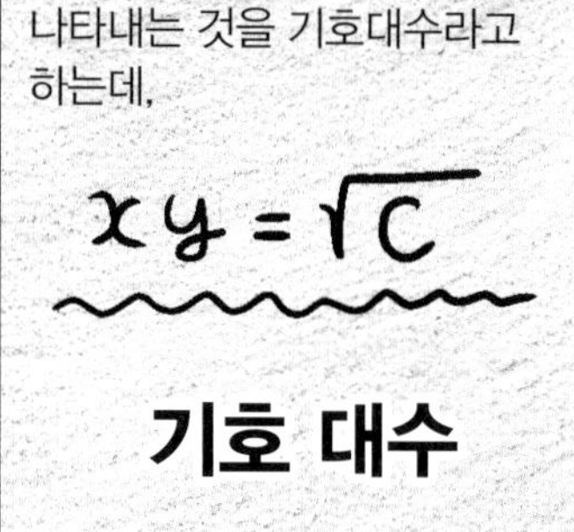
문자와 기호를 사용해 수식을 나타내는 것을 기호대수라고 하는데,
xy = √c
기호 대수

기호대수 덕분에 수학은 비약적인 발전을 이루게 되었어.
수학

수학에서 문자와 기호는 건물을 지을 때의 시멘트 반죽 같은 재료들이고,
문자
x.y.
z.a.b
∫∞∈
기호
⊂Σ√

이들을 각각의 용도에 맞게 잘 반죽한 시멘트는 다항식과 같아.
x = (-b±√(b²-4ac))/2a
반죽
반죽

다항식은 정수와 함께 수학적 사고의 바탕이 되는 기본적인 내용이며,
정수
+
다항식
수학적 사고

다항식의 기본 성질을 이해해야 수학적인 사고를 해 나갈 수 있어.
다항식의 기본 성질
수학적 사고

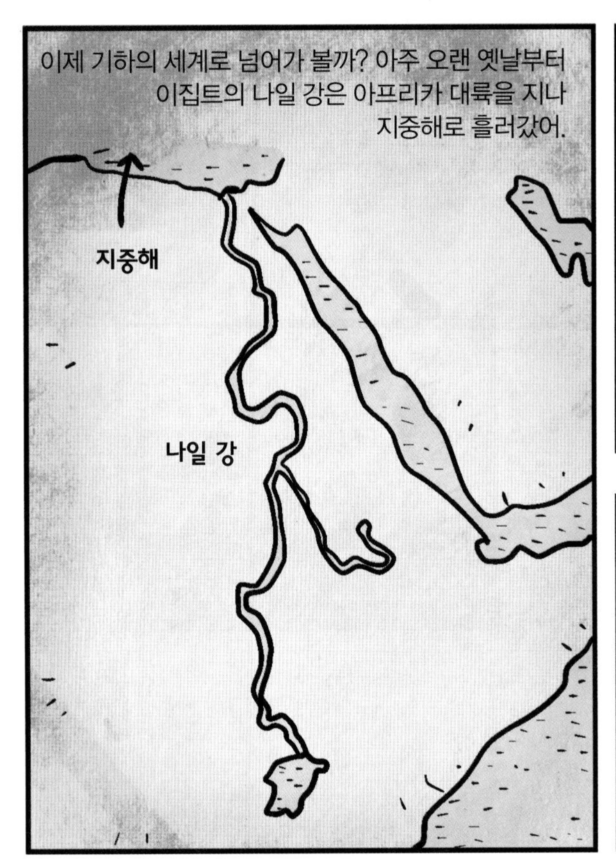
이제 기하의 세계로 넘어가 볼까? 아주 오랜 옛날부터 이집트의 나일 강은 아프리카 대륙을 지나 지중해로 흘러갔어.
지중해
나일 강

그런데 홍수가 나면 나일 강은 강가의 농토에 퇴적물을 쌓아 놓았기 때문에

어디까지가 누구의 땅인지 분간하기 어려웠어.
내 땅!
내 땅이야!

나라에서는 이 문제를 해결하기 위해

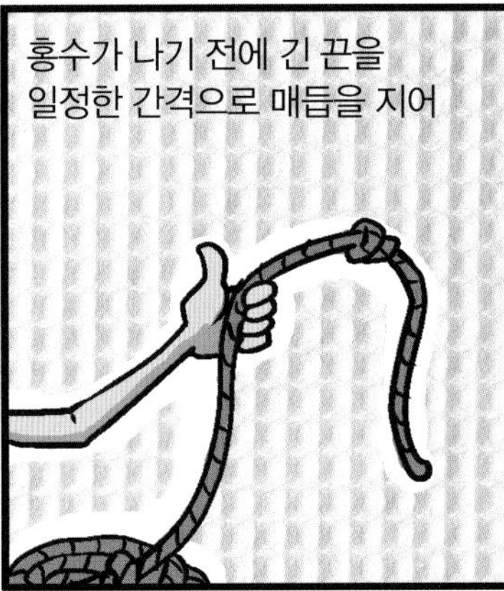
홍수가 나기 전에 긴 끈을 일정한 간격으로 매듭을 지어

일일이 농토의 크기를 측량했지.

그리고 물이 빠진 후에 다시 측량해 각자의 땅을 찾아 주었어.
이건 네 땅.
이건 네 땅.

세월이 흐르며 더욱 세밀하게 땅을 측량해야 할 필요가 생겼기 때문에
이집트 땅을
시, 면, 리로 나눠라!
폐하, 그건 좀

직선이나 곡선으로 둘러싸인 삼각형이나 사각형 또는 원과 같은 도형의 성질에 대하여 연구하기 시작하게 된 거야.
어떻게 하면 내 땅을 정확히 계산할까?

'땅(geo)을 측량한다(metrein).'라는 것을 'geometrein'라고 했는데, 이것이 오늘날 기하학(geometry)의 유래야.

그리스의 역사학자 헤로도토스는 이렇게 말했어.
해마다 나일 강이 범람하여 경작지의 경계선을 매번 새로 정리해야 했다.

그래서 토지를 측량하는 기술인 기하학이 이집트에서 시작되었다.
거대한 피라미드가 그냥 만들어 진 게 아냐.

기하학은 이집트인뿐만 아니라
패스!
텅

바빌로니아인, 인도인, 중국인 등도 많이 연구하던 분야였지만,
통
통
통

오늘날과 같은 엄격한 논리적인 추론에 의한 기하학은
논리적 추론
기하학

그리스의 탈레스로부터 시작되었고,

그것을 엄격한 논증 형식으로
바꾸게 한 것은
엄격한
논증형식

피타고라스학파의 업적이야.
피타고라스학파

오늘날의 기하학은
기하학

옛날처럼 도형을 직접 그려서
연구하는 것이 아니라

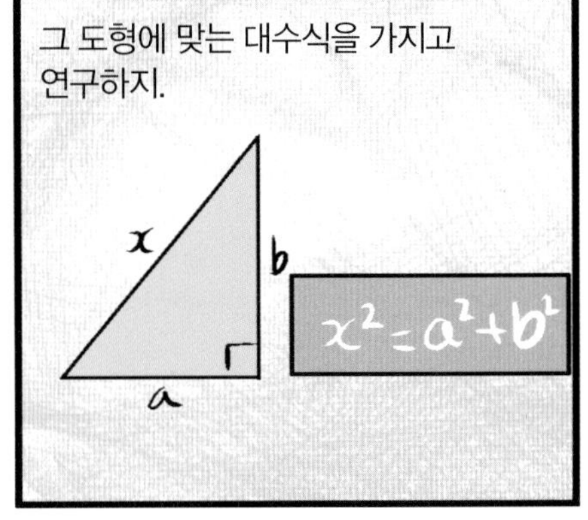
그 도형에 맞는 대수식을 가지고
연구하지.
x
b
a
x²=a²+b²

앞에서 말한 철학자이자 수학자인
데카르트는
내가
필요했던
거지?
응?

도형을 방정식으로 바꾸기 위해
도형→방정식
내 두뇌가
필요한
거였군.

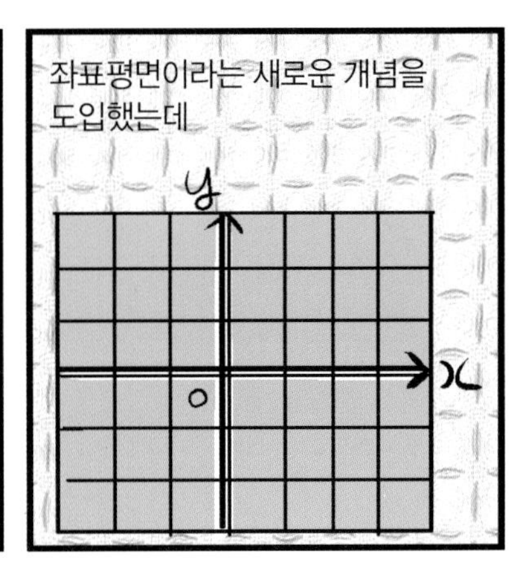
좌표평면이라는 새로운 개념을
도입했는데
y
x
o

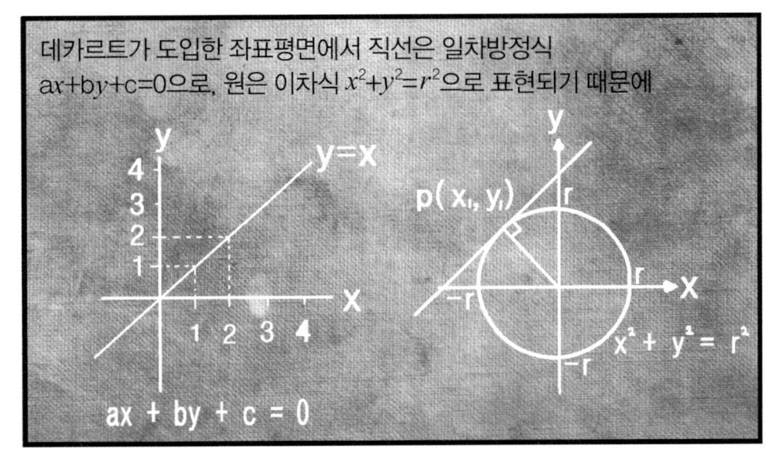
데카르트가 도입한 좌표평면에서 직선은 일차방정식
ax+by+c=0으로, 원은 이차식 x²+y²=r²으로 표현되기 때문에
y
y=x
4
3
2
1
1 2 3 4
X
ax + by + c = 0
y
p(x₁, y₁)
r
-r
r
X
-r
x² + y² = r²

도형의 성질을 대수적으로 연구할 수
있게 되었어.
ax+by+c=0
x²+y²=r²
세상
좋아진 거지.

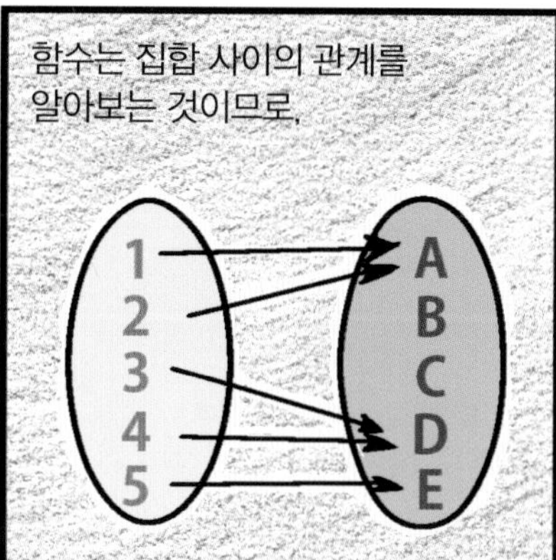

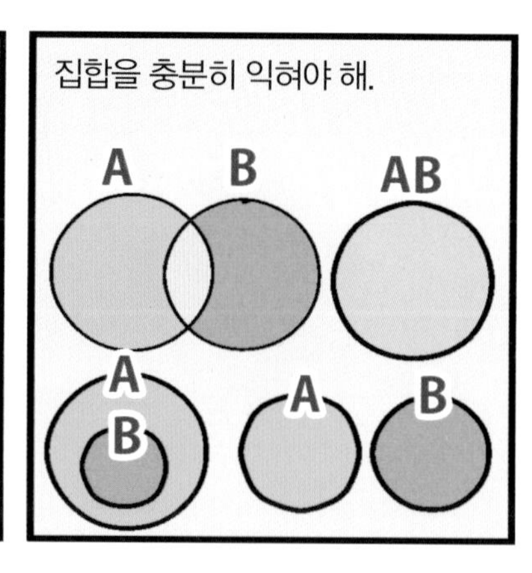

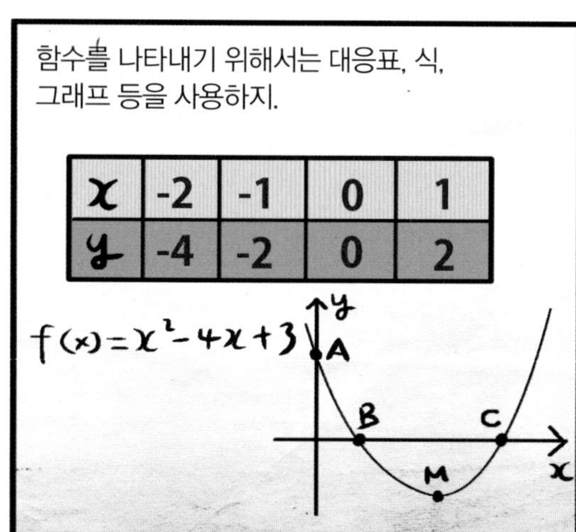

파촐리(L. Pacioli, 1450년경~1520년)

페르마(P. Fermat, 1601년~1665년)

슈발리에 드 메레(Chevalier de Méré)

측도: 길이나 넓이 등을 측정하는 것.

그런 영역의 넓이를 구하기 위해서는 적분이 필요하기 때문에
적분
찰칵

확률은 함수의 적분법과 직접적으로 연결되어 있단다.
함수의 적분법
확률

다음으로 통계학은 자연과학뿐만 아니라
통계학
자연 과학

거의 모든 분야에 이용되고 있고,
통계학
사회 과학
인문

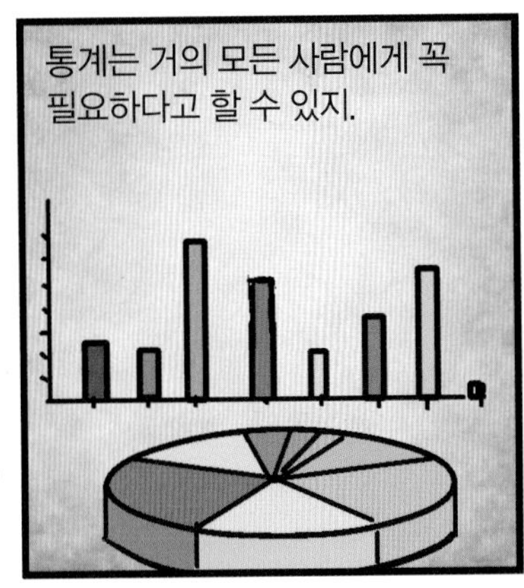
통계는 거의 모든 사람에게 꼭 필요하다고 할 수 있지.

미국의 TV 드라마 〈넘버스(numbers)〉에서는
NUMB3RS

수학을 이용하여 사건을 해결하는데,

주인공은 범인이 남기고 간 흔적을 모아 분석하고

자료를 바탕으로 규칙성을 찾고 그에 맞는 방정식을 만들어,

그 방정식을 가지고 위치를 추적해 범인을 검거하지.

이 드라마에서 가장 많이 사용되는 것이 바로 통계야.
통계

통계는 범죄 수사뿐만 아니라,
CSI
찰칵
과학
수사대

신문이나 뉴스, 광고 등에서 어떤 사실들의 정확성을 믿게 하기 위해 자주 사용하지.
초콜릿이 불티나게 팔림에
따라 치과들도 환자가
줄을 잇는 현상이…….
꿀꺽

이런 통계는 간혹 우리를
현혹시키기도 하지.
다크 초콜릿은
덜 달고 맛도
좋아.
자기야,
들어올 때
다크 초콜릿
사와~.

그래서 주어진 통계적 정보들을
정확하게 분석하기 위해
현관
앞인데….

통계의 정확한 이해가 필요한 거야.
어머,
그게 다 뭐야?

중학교와 고등학교까지의 수학은 크게 5개 영역으로
구분되어 있어.
'수의 연산'
'문자와 식'
'기하'
'함수'
'확률과 통계'

따라서 확률과 통계를 배우게 되면
고등학교 수학의 기본이 완성되는 거야.
고등수학의
기본

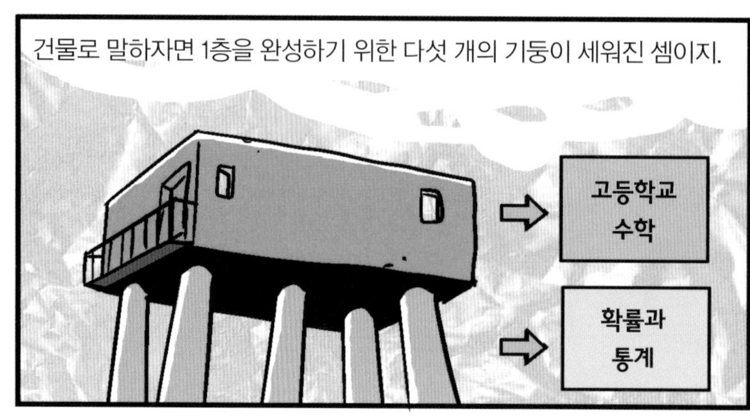
건물로 말하자면 1층을 완성하기 위한 다섯 개의 기둥이 세워진 셈이지.
고등학교
수학
확률과
통계

사실 수학을 건물로 비유하자면
마치 바벨탑과도 같아.

그러나 하늘을 향해 끝없이 쌓아
올렸던 바벨탑은

나중에 신들의 노여움을 사서
무너지게 되지만,

수학은 그렇지 않다는 차이점이
있어.
수 학

차곡차곡 쌓은 진리 위에 다시
새로운 진리를 쌓는 수학은

높이뿐만 아니라 범위도 점점
넓혀 가고 있지.
무럭

그래서 오늘날의 수학은 기계나
전자와 같은 공학뿐만 아니라,

거의 모든 분야에 막대한 영향을 미치고 있어.
넌 복제인간!
인문
사회학
금융

심지어 인간의 심리를 다루는 심리학 분야까지
그 범위를 확대해 가고 있지.
심리학

따라서 수학을 열심히 공부하는
것은

결국 여러 분야의 기초를 튼튼히
다지는 것과 같단다.
수학

수학의 중요성을
이제 알겠지?
에헴~

나노과학 발전의 기본은 수학

동화나 설화에 자주 등장하는 난쟁이를 보면 어떤 생각이 드니? 수학과 과학에서 난쟁이는 엄청난 힘을 가진 헤라클레스와도 같은 영웅 대접을 받고 있단다.

바로 '나노'야. '나노'는 난쟁이를 뜻하는 고대 그리스어인 '나노스(nanos)'에서 유래한 말인데, 10억분의 1을 뜻하지. 아주 미세한 물리학적 계량 단위로 사용되고 있으며, 나노세컨드(nanosecond)는 10억분의 1초, 나노미터(nanometer)는 10억분의 1미터를 가리켜. 10억분의 1이라는 크기가 언뜻 감이 오지 않지만 일반적인 사람의 머리카락 한 가닥의 굵기가 10만 나노미터라고 하니 어느 정도인지 대충 짐작할 수 있을 거야.

1나노미터에 보통 원자 3~4개가 들어가는 나노는 전자현미경을 통해서만 접할 수 있는 아주 미세한 세계인데, 이러한 나노 과학이 본격적으로 등장한 것은 1980년대 초 주사원자현미경이 개발되면서부터야. 나노 기술은 처음에 반도체 미세 기술을 극복하는 대안으로 연구가 시작되었는데 오늘날에는 전자 및 정보통신은 물론 기계, 에너지, 화학 등 대부분의 산업에 응용되고 있단다. 있지도 않을 것 같은 크기인 나노를 다루는 기술은 아주 미세한 세계까지 측정하고 관찰할 수 있을 뿐만 아니라, 물질의 최소 단위로 알려진 분자나 원자의 세계로 들어가 이를 조작하고 활용할 수 있는 점 때문에 미래를 이끌 첨단과학으로 주목받고 있어. 즉, 물질의 최소 단위까지 인간이 통제할 수 있게 되었다는 엄청난 변화를 내포하고 있는 거야. 따라서 인류 문명을 획기적으로 바꿀 수 있는 기술로 떠오르고 있는 나노산업은 매년 그 규모가 몇 십조 원대로 성장하고 있다고 하니, 그 크기에 반비례하여 발전하고 있다고 할 수 있겠지?

미국 항공우주국이 공개한 2008년 2월 18일의 국제 우주 정거장.

현재 나노 분야에서 선두를 달리고 있는 나라는 미국이야. 미국은 앞으로 몇 년 이내에 지상 92000km 높이에 우주정거장을 건

설하고, 그곳까지 왕복할 수 있는 우주 엘리베이터를 만들 계획이래. 지금까지 인간이 우주로 나가기 위한 유일한 방법은 우주선이었는데, 앞으로는 우주 엘리베이터라는 획기적인 방법을 통해 우주로 갈 수 있는 날이 올 것 같아.

그런데 나노와 같은 정밀 단위의 사용이 가능하게 된 배경에는 표준단위인 1m의 힘이 숨어 있단다. 현재 우리가 사용하고 있는 국제표준단위인 미터의 기원은 프랑스 혁명 때인 1790년경 발명된 '십진미터법'이야. 최초로 정한 1m는 지구의 둘레는 변하지 않는다는 생각으로 지구둘레의 4000만분의 1로 정했어. 십진미터법은 1875년 17개국이 미터협약에 조인함으로써 국제적인 단위 체계로 발전하게 됐는데, 현재 표준으로 삼고 있는 1m는 빛의 속도를 근거로 한 '빛이 진공에서 $\frac{1}{299792458}$초 동안 진행한 경로의 길이'로 정하고 있어. 이에 의하면 앞에서 설명한 1나노미터는 빛이 진공 상태에서 $\frac{1}{299792458000000000}$초 동안 진행한 거리이지.

사실 국제표준이 정해지기 이전에는 같은 나라 안에서도 지역에 따라 서로 다른 단위길이와 단위무게를 사용했어. 그래서 이를 통일시킬 필요가 있었는데, 동양에서는 진시황이 처음으로 제도화했어. 진시황은 길이를 의미하는 도(度), 부피를 재는 양(量), 무게를 다는 형(衡)을 합쳐 도량형이라 했고, 이 제도의 표준이 되는 자와 되 그리고 저울을 백성들에게 나눠 주었는데, 도량형은 수학에서 주로 길이를 재고 넓이를 계산하며 들이나 부피를 측정하는 데 사용됐지.

우리나라에서는 조선시대 세종대왕 때에서야 도량형의 표준단위가 확립되었어. 세종대왕은 각 마을마다 토지를 측량하도록 하는 결부제(結負制)를 실시하여 나라의 조세 정책을 정립시켰고, 이로 인해 농업과 경제의 발전은 물론 수학, 천문학, 역학, 기상학이 발전하는 데 견인차 역할을 했지. 그리하여 당시의 도량형을 기준으로 천체관측기, 측우기, 자격루, 고저측량기구 등의 과학기구들이 제작되었단다.

9장 수학 문제의 해결

수학은 오랜 옛날부터 문명의 발달에 핵심적인 역할을 해 왔어.

또 일상생활에서 만나는 다양한 문제를 해결하려면
계산이 안 맞잖아요!
아니죠, 제가 맞죠!

논리적인 사고력이 필요한데,
생선
잠깐만요.

그 사고력을 길러 주는 것이 바로 수학이야.
꽁치 한 마리에 1,500원이니까 세 마리면 4,500원, 만 원 내셨으니 5,500원 받으셔야죠.
어, 맞네.

왕도(王道): 어떤 어려운 일을 하기 위한 쉬운 방법.

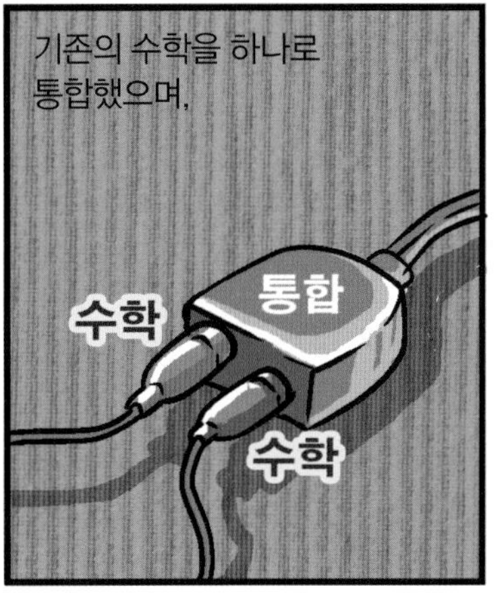

특히 이 시기에는 도형을 작도하는 문제가 한창 유행했지.
도형 작도엔 자와 콤파스가 기본.

서양에서 이 두 가지 도구로 작도하는 전통은 플라톤 때부터 시작되었어.
동그라미~ 동그라미~.

플라톤이 작도의 도구로 자와 컴퍼스만을 고집한 이유는 이 때문이었어.
가장 완전한 도형은 직선과 원이며, 그래서 신은 직선과 원을 중요시한다.

고대 그리스인들은 작도 문제에 많은 관심을 보였는데

작도 문제 중에서 고대부터 지금까지 가장 흥미로운 것은 '3대 작도 불가능 문제'야.
그게 뭐예요?

① 임의의 각을 삼등분하여라.
이 경우는 작도가 되지 않는 예를 보여 줌으로써 임의의 각을 삼등분할 수 없다는 것을 증명할 수 있어.
이건 좀 어려우므로 여기서는 생략할게.
네~.

② 주어진 원과 같은 넓이의 정사각형을 작도하여라.
주어진 원의 반지름을 r, 작도하고자 하는 정사각형의 한 변의 길이를 x라고 하면 $x^2=\pi r^2$, $r>0$, $x>0$이므로 $x=r\sqrt{\pi}$ 이다.
그러나 π가 작도 불가능이므로 $\sqrt{\pi}$ 도 작도 불가능이다. 그러므로 정사각형의 한 변의 길이를 작도할 수 없다.
포인트는 π는 작도불가능이란 거죠.

③ 주어진 정육면체의 부피의 두 배가 되는 부피를 갖는 정육면체를 작도하라.

3대 작도 불가능 문제는 19세기가 돼서야 작도가 불가능하다는 증명이 완성되었단다.
그것도 모르고 2,000년이 넘게 그 문제를 풀고 있었던 거야?
그만큼 증명이 힘들고 중요하다는 거겠지.

많은 수학자를 괴롭혀 온 이 문제는
3대 작도 불가능 문제!

오히려 기하학을 한 단계 업그레이드시켰어.
빵
기하학
3대작도 불가능문제

이 문제를 해결하기 위해 수학자들은 발상의 전환이 필요했지.
에고~
거꾸로도 생각해 봐야지.

수학은 발상의 전환이 가장 필요한 분야이기도 해.
딸칵

수학 문제를 해결하는 데 명확한 규칙은 없지만
명확한 규칙
아니.
필요해?
수학

몇 가지 일반적인 단계를 이용하면 문제를 해결할 수 있지.
문제해결

3×4와 관련된 문제를 예로 들어 보자. 다음 문제들은 본질적으로 모두 3×4와 같아.

1. 3의 4배는 얼마인가?
2. 한 사람당 과자를 3봉지씩 주려고 한다. 모두 네 사람이 있다면 과자는 몇 봉지가 필요한가?
3. 한 접시에 떡이 3개씩 놓여 있다. 떡이 놓여 있는 접시가 모두 4개라면 떡은 모두 몇 개인가?
4. 가로의 길이가 3이고 세로의 길이가 4인 직사각형의 넓이는?

2번 문제를 좀 더 살펴보자.

한 사람당 과자를 3봉지씩 주려고 한다. 모두 네 사람이 있다면 과자는 몇 봉지가 필요한가?

×

이 문제에서 알려져 있지 않은 것은 과자의 총 봉지 수이고,

이 문제는 그것을 알아내는 것이 목표지.
(문제)
몇 봉지일까요?

문제의 조건은 쉽게 알 수 있어.
여기 있네.
문제의 조건

여기서 '한 사람당 과자를 3봉지씩 준다'는 것을 한 사람이 과자를 3봉지씩 가지고 있다고 생각해도 돼.

그렇다면 과자는 3개만 필요한 것이 아니지.

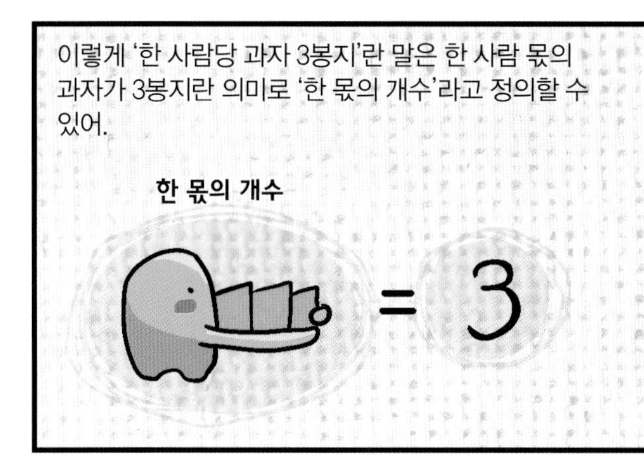
이렇게 '한 사람당 과자 3봉지'란 말은 한 사람 몫의 과자가 3봉지란 의미로 '한 몫의 개수'라고 정의할 수 있어.
한 몫의 개수
= 3

여기서는 네 사람의 몫이 필요하므로 다음과 같이 식을 세울 수 있어.
(한 몫의 개수)×(몫의 수)
=(전체의 개수)
한 몫의 개수가 3이고 몫의 수는 4가 되는군.

이처럼 (한 몫의 개수)가 곱하여지는 수가 되고 (몫의 수)가 곱하는 수가 되는데,

그렇게 생각하면 문제를 정확하게 이해한 거야.
문제

그리고 주어진 조건과 알려진 정보를 모두 사용한 것이지.

이제 문제를 이해했으면
이해했어!

그 문제를 어떻게 해결할지 전략을 세워야 해.
전략, 전략!
문제해결 전략노트

폴리아가 제시한 두 번째 단계는 '계획'이야.
계 획

여기에서는 알려져 있지 않은 것을 알아낼 수 있는지와 알아낸 것 사이의 관련성을 찾아야 해.
알려져 있지 않은것

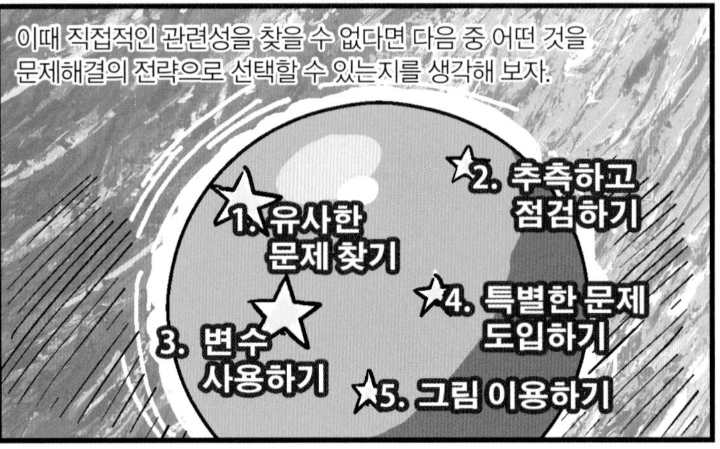
이때 직접적인 관련성을 찾을 수 없다면 다음 중 어떤 것을 문제해결의 전략으로 선택할 수 있는지를 생각해 보자.
1. 유사한 문제 찾기
2. 추측하고 점검하기
3. 변수 사용하기
4. 특별한 문제 도입하기
5. 그림 이용하기

6. 경우로 나누어 풀기
7. 거꾸로 풀기
8. 공식 찾기
9. 부분 목표 세우기
10. 간접 추론하기
11. 수학적 귀납법 이용하기
12. 패턴 찾기

다음 문제로 예를 들어 보자.

하나에 500원인 과자와 200원인 껌이 있어.
500원
200원

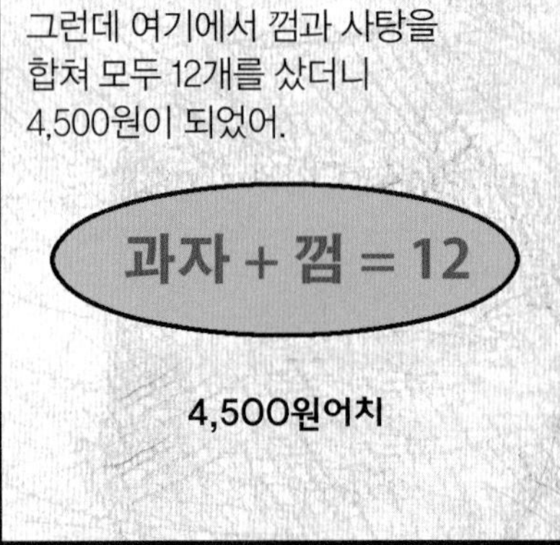
그런데 여기에서 껌과 사탕을 합쳐 모두 12개를 샀더니 4,500원이 되었어.
과자 + 껌 = 12
4,500원어치

사탕과 껌은 각각 몇 개씩 살 수 있을까?
어쨌거나 실컷 먹겠는데?

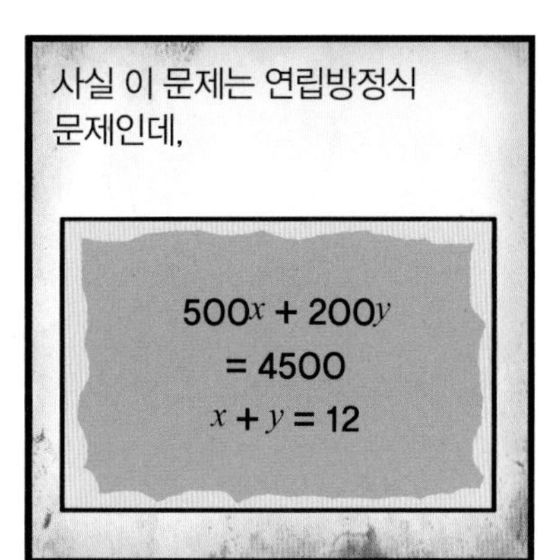
사실 이 문제는 연립방정식
문제인데,
$500x + 200y = 4500$
$x + y = 12$

연립방정식을 모르는 사람도 풀 수 있는 방법이 있지.
아니, 왜 저를 보고……?

그 방법은 바로
'학거북산(鶴龜算)'이야.
이게 얼마 만인가?
한 50년 됐나?

'학거북산'은 학과 거북의 합계와 그 발의 합계로 각각
몇 마리인가를 계산해 내는 우리나라 전통의
연립방정식 풀이방법이지.
이 나이에 우리 수학계에 보탬이 된다니.
죽어도 여한이 없네.

예를 들어 이것과 같은 문제야.
학과 거북을 합하여 5마리이고,
다리 수를 합하여 14라면
학과 거북은 각각 몇 마리인가?
앗!
안절부절-

거북의 다리 수는 4이므로
거북이 5마리라면 다리의 수는
20개가 돼.
그렇지. 20보다 많이는 안 나올 테니.
4×5

그런데 다리 수가 14개라고
했으므로 20−14=6이 되지.
대충이가 왜 저래?
꼼지락

이때 6을 학의 다리 수 2로 나누어
그 차이를 메워야 해.
제일 적은 수인 2로 나누는군.

따라서 학은 3마리, 거북은
2마리가 답이야.
그렇지!
대충이가 뭔가 깨달았나 봐.

물론 오늘날 이런 문제는 연립방정식으로 쉽게 해결할 수 있어.
이제야

이제 처음에 주어진 문제로 다시 돌아가자.
네
네
이제야 알았는데, 다시요?

이 문제에서 우리가 알 수 있는 것은 과자가 한 봉지에 500원이고 껌이 200원이며 모두 12개를 샀다는 거야.
이해 가?
꼴깍
물론이지!

이제 이 문제를 해결하기 위하여 계획을 세워야 하는데,
계획
문제

가장 먼저 해야 할 것은 이와 유사한 문제를 생각해서,
유사문제…….

먼저 풀었던 그 문제의 풀이 방법과 같은 방법으로 해결하면 되고,
컨닝하는 거 같네.

아니면 추측하기와 그림을 이용하는 방법을 사용해 보자.
추측하기.
그림 이용 방법.

먼저 추측하기로 도전해 볼까? 12개가 모두 과자라면 12×500=6,000원이 되어 1,500원이 초과돼.
6,000 −4,500 =1,500

따라서 1,500원을 껌과 과자의 금액 차이 300원으로 메워야 하지.
1,500
300

즉, 1500÷300=5이므로 5개만 과자와 껌을 바꾸면 돼.

따라서 답은 과자 7봉지와 껌 5개야.

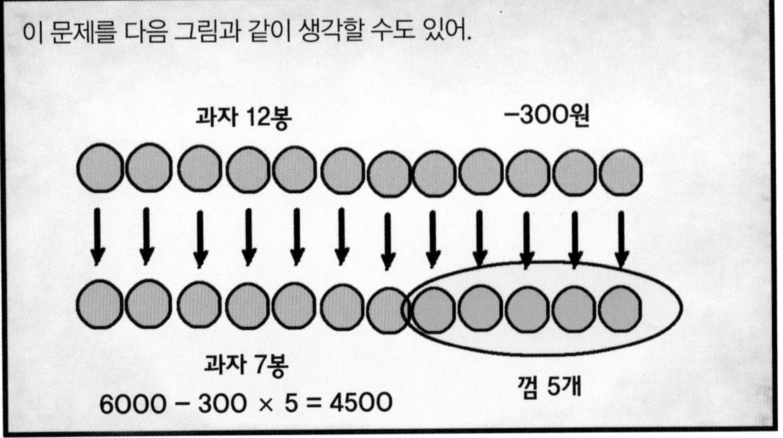
이 문제를 다음 그림과 같이 생각할 수도 있어.
과자 12봉
−300원
과자 7봉
껌 5개
6000 − 300 × 5 = 4500

시간적인 여유가 없다면 간단히
연립방정식으로 바꿀 수 있어.
바쁘다, 바빠~.

즉, 과자의 수를 x, 껌의 수를 y로 두면
$500x+200y=4500$ ——①
$x+y=12$ ——②
라는 식이 성립해.
x와 y의 값을 구하는 거지?
흥~
x, y 값을 구하고 나서
그런 폼을 잡아야지.

여기서 y를 소거하여 미지수 x만 남기기 위해 ②의 양변에 200을 곱하면
$200x+200y=2400$ ——③
이 되지. 그런 다음 ①의 식에서 ③의 식을 빼면
$300x=2100$이야.
이 식의 양변을 300으로 나누면 $x=7$이 되고, 이것을 ②에 대입하면
$y=5$가 나오지.
뭐해?
좀
어렵네.

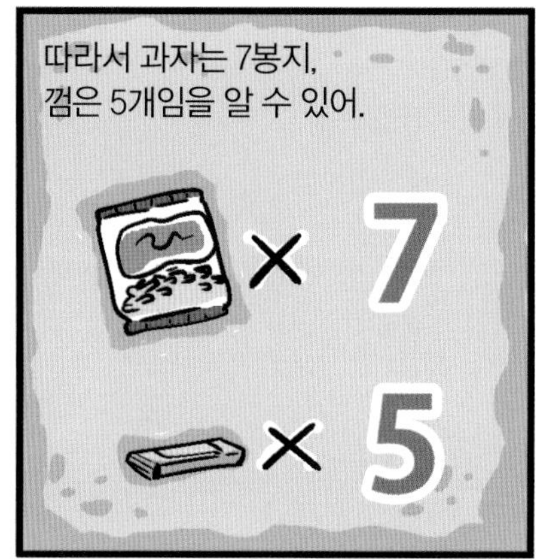
따라서 과자는 7봉지,
껌은 5개임을 알 수 있어.
× 7
× 5

폴리아의 문제 해결 전략 세 번째 단계는
'계획의 실행'이야.
계획의 실행
계 획

2단계에서 수립된 계획을 실행할 때 풀이의 각 단계별로
점검하여
풀이

풀이의 각 단계가 참이라는 것을 증명하는 세부사항을
확인해야 해.
참
참

결국 주어진 문제를 풀 때까지 2단계에서 선택한
전략을 계속 수행하는 거야.
2단계
전략 수행

앞의 예에서 문제를 이해하고
구하고자 하는 것들을 변수 x, y로
바꾸어 식으로 표현했지?
x, y

이를 직접 푸는 단계가 3단계야.
3단계
x= ?
y= ?

3단계에서는 가장 빠르고 정확한 방법을 선택하는
것이 중요한데,
쌔-앵
빠르고
정확하게!

그러기 위해서는 계산을 많이 해 보는 것이 도움이 된단다.
이걸로는
아무리 해도
도움이 안 돼.

문제 해결 전략의 마지막 단계는
'반성'이야.
반성은
힘들어.

문제가 해결되었다면 해답을 검사하는 거지.
풀이에
오류가 있는지……
고깔이
해답인데요~.

문제를 푸는 데 좀 더 쉬운 방법이 있는지를 다시
생각해 보는 거야.

반성은 해법에 익숙해지고 또 다른 문제를
해결하는 데 큰 도움이 돼.
아, 시원해.
해결됐다.
뿡야~
반성

데카르트도 반성을 강조했어.
다들 반성하세요!

내가 풀었던 모든 문제가 다른 문제를 푸는 데 유용한 규칙이 되었다.

이런 발상의 전환을 위한 힘은 모두 수학적 연습에 의해 축적되지.

그럼 어떻게 해야 수학적 사고력을 효과적으로 실행시킬 수 있을까?

그러기 위해서는 가장 먼저 산만해서는 안 되고,
야-!
내 공!
우당탕

자료를 수집해서 모두 암기한다는 식의 생각보다는
외운 공식은 먹어야지!
부-욱

스스로 체험하는 것이 중요하지.
풀어 보니 이해가 되네.

이제 수학 문제를 해결하는 방법에 대해서 좀 알겠니?

다음 장에서는 어떤 사람이 수학을 잘 공부할 수 있는 사람인지 알아보자.
네-!

뉴턴의 위대한 미적분의 원리

아이작 뉴턴의 가장 위대한 업적은 미적분의 원리를 발견한 거야. 여기에서 간단하게 미분의 원리를 알아보자. 약간 어려울 수도 있지만 찬찬히 읽어 보면 미분이 그리 어렵지는 않다는 걸 알 수 있을 거야.

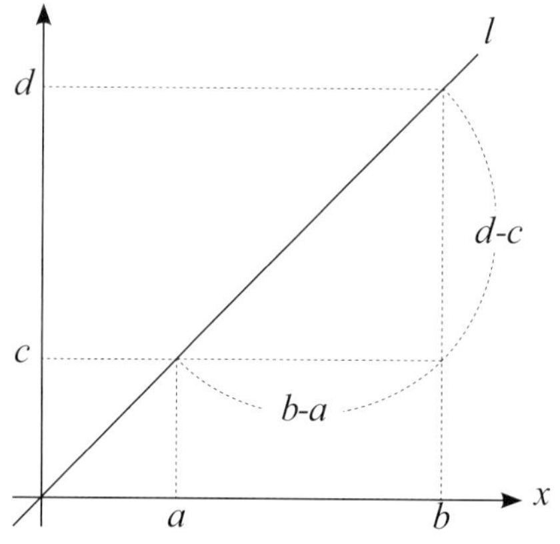

17세기에 많은 학자들은 움직이는 물체를 수학적으로 표현하는 방법을 고민하기 시작했어. 이에 대한 해답이 바로 미분이야. 즉, 미분은 한 물체가 정해진 위치로부터 어떤 방향으로 움직일 때 그 물체의 움직임을 예측하기 위하여 도입된 거지. 그래서 미분의 원리를 알려면 물체가 한 위치에서 '바로 다음 위치'로 이동할 때 어떤 일이 벌어지는지 알아야 해.

좌표평면에서 직선의 기울기는 다음과 같아.

$$(\text{직선의 기울기}) = \frac{(y\text{의 변화량})}{(x\text{의 변화량})}$$

그림에서 직선 l은 x가 a에서 b로 변했으므로 (x의 변화량) = $(b-a)$이고, y가 c에서 d로 변했으므로 (y의 변화량) = $(d-c)$야. 따라서 이 직선의 기울기는 $\frac{(d-c)}{(b-a)}$이지.

이제 다음 그림과 같이 곡선 $y = f(x)$ 위의 한 점 P에서의 접선의 기울기를 구해 보자. 그런데 우리가 접선에 관하여 알고 있는 것은 점 $P(a, c)$를 지난다는 것뿐이야. 그리고 직선의 기울기를 구하려면 적어도 서로 다른 두 점이 있어야 해.

그래서 점 P와 가까운 곳에 있는 곡선 위의 점 $Q(b, d)$를 하나 잡으면 두 점 P, Q를 지나는 직선의 기울기를 구할 수 있어. 그런데 점 Q를 점 P에 조금 가깝게 잡는다면 구하고자 하는 접선의 기울기와 좀 더 비슷한 기울기를 갖는 직선을 얻게 돼. 여기서

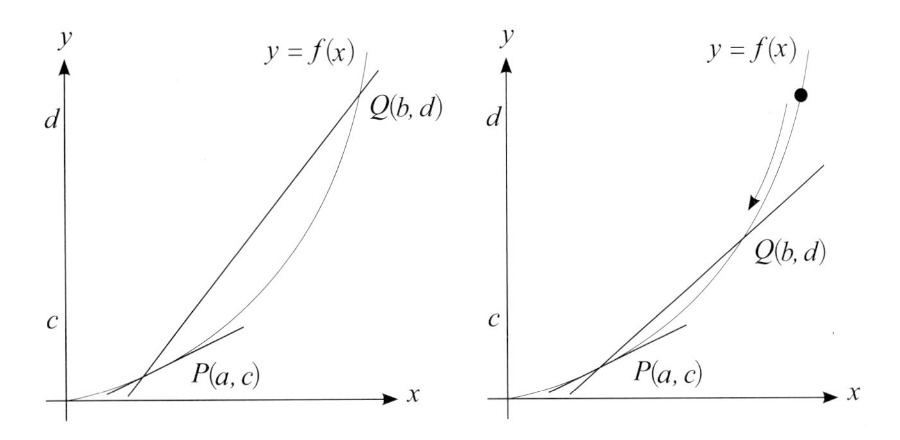

좀 더 나아가 점 Q를 점 P에 아주, 아주, 아주 가깝게 잡는다면 두 점을 지나는 직선의 기울기는 점점, 점점, 점점 접선의 기울기와 비슷해져서 언젠가는 거의 접선의 기울기와 일치하는 정도까지 될 거야. 즉, b가 a에 점점 가깝게 접근하면 할수록 d는 c에 가까워지고 기울기도 우리가 원하는 만큼 비슷하게 되는 거지. 이것을 기호로 나타내면 다음과 같아. 여기서 기호 '$\lim_{b \to a}$'은 b가 a에 한없이 가까워진다는 뜻이야.

$$(\text{직선의 기울기}) = \lim_{b \to a} \frac{(d-c)}{(b-a)}$$

이 식에서 b는 변하면서 점점 a에 접근하므로 b를 변수 x라고 생각하면, $d=f(x)$이고 $f(a)=c$이므로 주어진 식은 다음과 같이 쓸 수 있어.

$$f'(a) = \lim_{b \to a} \frac{f(x)-f(a)}{x-a}$$

이때 $f'(a)$를 $x=a$에서의 도함수 또는 미분계수라고 하는데, 이게 바로 미분이란다.

10장 수학을 잘할 수 있는 비결

그런데 그 결론은 일반인들의 예상을 깨고, 다음과 같은 매우 간단한 네 가지였지.

1. 신발장에 자신의 신발을 바르게 넣을 수 있는가?
2. 요리책의 설명대로 간단한 요리를 만들 수 있는가?
3. 사전에서 단어를 찾을 수 있는가?
4. 간단한 약도를 그릴 수 있는가?

1번은 수학의 기본 원리인
일대일대응을 이해하고 있다는 것을
의미해.

일대일대응으로 물건의 개수를
정확히 셀 수 있고,
열하나,
열둘…….

무한에 관한 개념을 형성하여

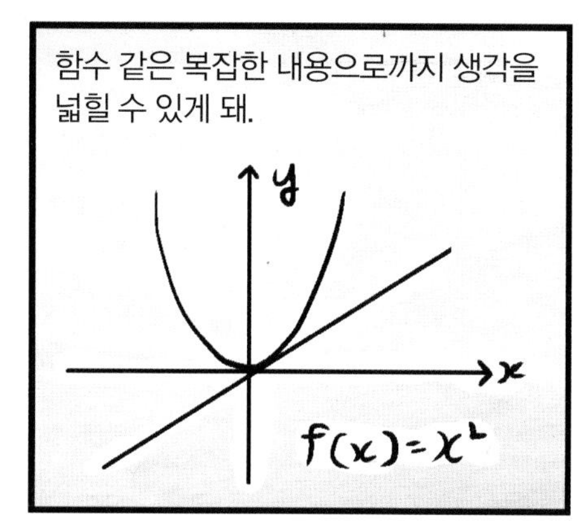
함수 같은 복잡한 내용으로까지 생각을
넓힐 수 있게 돼.
y
x
f(x)=x²

따라서 신발의 좌우를 살펴
가지런히 놓을 수 있다면

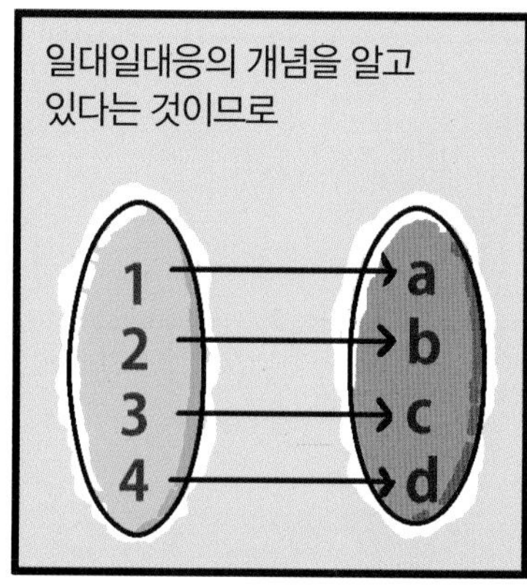
일대일대응의 개념을 알고
있다는 것이므로
1
2
3
4
a
b
c
d

수학을 잘할 수
있다는 거야.

2번은 문제 해결의 순서와 단계를 이해할 수 있다는 것을 의미해.
요리의 순서와 단계를 알고,
여러 가지 판단을 하는
능력과 관찰력이 필요하지.

이 능력은 올바른 과정과 순서에 따라서 문제를 푸는
능력으로 이어지며

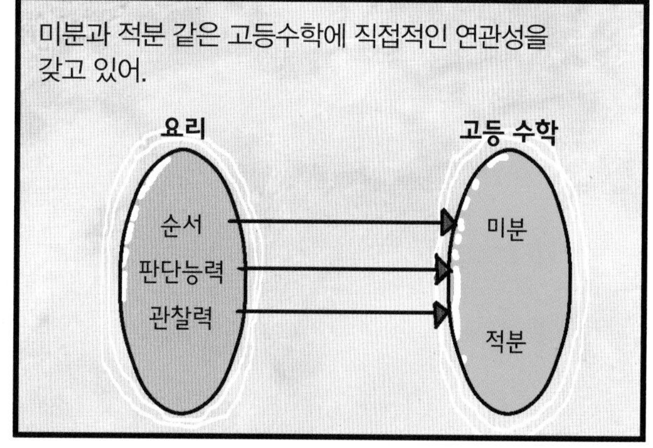
미분과 적분 같은 고등수학에 직접적인 연관성을
갖고 있어.
요리
고등 수학
순서
판단능력
관찰력
미분
적분

3번은 진법의 대소 관계와 순서관계를 이해하며 여러 가지 가능한 조합을 알고 있다는 걸 의미해.
사전
사전
진법의 대소 관계 · 순서 관계 · 가능한 조합

28개의 자음과 모음이 순서대로 나열되어 있는 국어사전을 사용하려면, 자음과 모음의 순서와 조합을 이해하고 있어야 하거든.
국어 사전
자음, 모음의 순서와 조합을 이해한다라~.

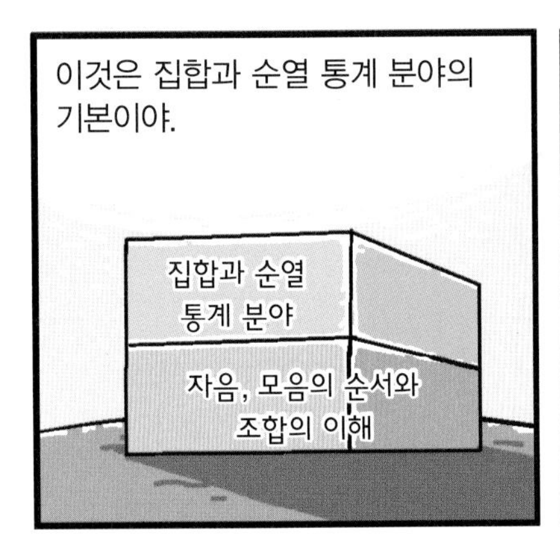
이것은 집합과 순열 통계 분야의 기본이야.
집합과 순열 통계 분야
자음, 모음의 순서와 조합의 이해

4번은 눈에 보이는 대상을 머릿속에서 추상화하여 다시 표현할 수 있다는 걸 의미해.
아까 약국 할머니께서 가르쳐 주신 길이 이렇던가?
약도
동네 약국

약도는 3차원 공간에 있는 것을 2차원 종이 위에 나타낸 거거든.
약도

공간을 축소해서 위치를 도식화하여 나타낼 수 있다면 충분한 추상적 능력을 갖춘 것이지.
약도 하나 그리는데 너무 폼 잡는 거 아냐?
추상적 능력

초등학교 때는 수학을 잘했다가
사과 두 개에서 하나 먹고 나면 몇 개가 남나요?
한 개요!
와 짱이다.

점점 수학을 어려워하는 학생이 많은데,
수학

그 이유는 초등학교 수학은 구체적인 것을 대상으로 하는 데 비해

중학교 이후의 수학은 추상적인 문자와 기호가
등장하기 때문이야.
a+b or
y=ax
멀미 나.

하지만 처음부터 주어진 문제를 이해하고 그 문제에
해당하는 적절한 그림을 그려 해결하는 방법을 연습했다면,

추상화되었다고 하더라도 쉽게
머릿속에 그림을 그릴 수 있어.
아하~.
a+b 또는
y=ax.
딱

따라서 약도를 그릴 수 있다는
것은

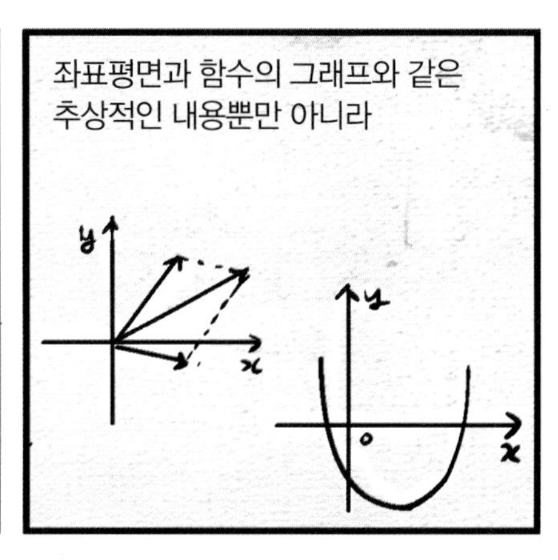
좌표평면과 함수의 그래프와 같은
추상적인 내용뿐만 아니라
y
x
o

평면도형이나 입체도형을 다루는
기하학과도 밀접한 관련이 있어.
a
b

그러면 수학을
잘할 수 있게 되는
비결은 뭘까?

바로 이해력을 기르는 거야.
이렇게 돼서
이렇게
푸는구나.
수학

그리고 독서야말로 앞에서 설명했던 모든 것을 한꺼번에
할 수 있는 가장 좋은 방법이지.

수학에 관련된 책을 읽고 수학적 원리를 이해한다면
수학은 가장 흥미로운 과목이 될 거야.
수학과 놀기
게임 수학
신나는 수학 여행
수의 역사
마법 수학

한국교육개발원이 2002년에 발표한 내용을 보면, 우리나라 고등학교 1, 2학년생 중 공부를 잘하는 아이들의 특징은 다음과 같대.

1. 어려서부터 독서를 좋아했다.
2. 공부는 스스로 알아서 자기 주도적으로 한다.
3. 학원 의존율이 낮고 도서관이나 집에서 혼자 공부한다.
4. 공부를 즐거워한다.
5. 소설이나 신문 등 무엇이든 읽기를 좋아한다.

다섯 항목 모두 읽기와 관련되어 있어.

한마디로 공부를 잘하려면 글 읽기를 좋아하고,

또 글을 잘 읽어야 한다는 거야.

글 읽기에서 가장 중요한 것은 바로 차례야.

우리가 책을 읽을 때 가장 먼저 보는 것이 차례인데,

~ : : 차 례 ~

1. 옷을 좋아하는 임금
2. 이름 모를 재봉사

앞으로 이야기가 어떤 방향으로 진행될지를 가늠할 수 있기 때문이지.

수학도 이와 같아서

차례가 뜻하는 수학적 내용만 정확히 이해한다고 하면

수학 차례

1. 덧셈과 뺄셈
2. 곱셈
3. 원
4. 나눗셈

이미 수학은 90% 이상 정복한 것이나 다름없어.

다음으로 수학을 잘하는 비결은
바로 순서를 지켜서
공부하라는 거야.
답부터 보지 말란
얘기거든.

이를테면 일차방정식을 풀지
못한다고 할 때
4x−1=3
x의 값은?

먼저 곱셈이나 문자의 계산은
잘할 수 있는지를 먼저 따져야 해.
x . x

간단히 말해 곱셈을 못한다면

곱셈보다 기본이 되는 덧셈에 대한
이해가 부족하다는 거지.

기초를 소홀히 하고 무턱대고
문제집만 보는 것이 아니라,
문제를 풀어야
시험을 잘 보지.
그게
아니라잖아.

자기가 진짜로 이해되지 않는 초등학교나 중학교에서 배운 내용을 다시
공부한다면
그래,
이제야 이해가
되는구나.
수학

지금 모르는 것을 더 빨리 이해할 수
있어.
20년이
지났어~
아, 다시
초등학생으로
돌아가고 싶다.

수학에 겁을 먹거나 수학을 못한다고 생각하는 사람은 이미 악순환의 고리에 걸린 거야.
수학이
재미없다.
모르겠다.
문제를 풀지
않는다.
악순환의
고리

버트런드 러셀(Bertrand Russell, 1872년~1970년)

하지만 수학에서는 이차방정식을 알려면 인수분해를 알아야 하고, 일차방정식의 풀이 방법도 알아야 해.
이차 방정식
인수 분해
일차 방정식

또 나눗셈을 하기 위해서는 먼저 구구단을 알아야 하고,
이 일은 이,
이이는 사,
이사팔..
뽕—
÷

곱셈을 이해하기 위해서는 반드시 덧셈을 먼저 알아야 하지.
속옷을 입고 겉옷을 입어야지.
곱셈
덧셈

이런 것들은 순서를 바꾸어 공부하면
왜 그랬어?

전혀 내용을 이해할 수 없게 돼.
3+3도 모르는데 3×3이 9라는 걸 어떻게 알겠어?

엄격한 순서가 계단처럼 차례로 하나하나 나열되어 있고

그들은 반드시 서로 밀접하게 연관되어 있기 때문에
나눗셈
곱셈
뺄셈
덧셈

순서를 바꾸는 학습은 할 수 없는 거지.
어머, 재 좀 봐!
난 슈퍼맨 이다.

그래서 단원마다의 학습 순서를 무시하면 바로 막히고 만단다.
문제)
25÷5=?
구구단도 못 외웠는데……

수학의 또 다른 특징은
내 특징을 말해 봐.
수학

특별한 소질이 있어야 하는 게 아니라는 거야.

수학에 관심이 있고 좋아할 수 있는 마음만 있으면 되거든.
수학

음악이나 미술 또는 체육은 소질이 많이 좌우하는 분야야.
소질
음악
미술
체육

하지만 수학은 국어를 제대로 할 정도의 지능이 있는 사람이라면 누구에게나 가능해.
열심히 공부하는구나.
네.
수학
수학

수학은 논리 중심의 학문이고, 논리는 언어 구조와 관련되어 있기 때문이야.
수 학
논 리
언어

말을 할 때 아무리 간단한 내용일지라도 문법 순서를 무시하지 않지.
아빠가방에 들어갔어요?
무슨 소리야?

실제로 대뇌 생리학에 의하면 논리와 수학은 같은 뇌 부분이 지배하고 있다고 해.
논리, 수학

그리고 앞에서 네 가지 정도만 할 수 있다면 수학을 공부할 수 있다고 한 걸 기억하지?
요리
사전

자, 이제부터 자신감과 끈기로 무장하고 수학을 즐겁게 공부해 보자!

수학

선거 방법에 담긴 수학적 비밀

선거에는 여러 종류가 있기 때문에 각각의 선거 방법에 따라 일어날 수 있는 여러 가지 문제점이 있는데, 이런 문제점은 수학적으로 해결할 수 있단다. 여기에서는 선거 방식에 따라 당선자를 정하는 방법을 알아보자. 선거의 방식으로 당선자를 정하는 방법은 다음과 같은 다섯 가지로 나눌 수 있어.

① 1위를 가장 많이 차지한 후보를 당선자로 정한다.

② 1위를 차지한 표의 수가 과반수를 넘는 후보를 당선자로 정한다.

③ 1위를 가장 적게 차지한 후보를 차례로 제외하여 마지막에 남은 후보를 당선자로 정한다.

④ 각각의 투표용지에서 각 순위에 해당하는 점수를 주고, 모든 투표용지의 점수를 합한 뒤 가장 높은 점수를 받은 후보를 당선자로 정한다.

⑤ 두 후보 간에 선호도를 비교하여 우세한 후보에게는 1점, 열세한 후보에게는 0점, 비겼을 때에는 두 후보에게 0.5점을 주고, 각 후보가 얻은 점수의 합을 구하여 그 합이 가장 높은 후보를 당선자로 정한다.

예를 들어 학생이 37명인 어느 반에서 회장을 선출하기 위하여 선거를 했다고 해 보자. 학급 학생 모두에게 투표용지를 한 장씩 나누어 주고 자기가 좋아하는 네 명의 후보 A, B, C, D를 순서대로 적게 했어. 그리고 투표용지를 모아 개표하니 다음과 같았어.

투표용지	투표용지	투표용지	투표용지	투표용지
1위 : A	1위 : C	1위 : D	1위 : B	1위 : C
2위 : B	2위 : B	2위 : C	2위 : D	2위 : D
3위 : C	3위 : D	3위 : B	3위 : C	3위 : B
4위 : D	4위 : A	4위 : A	4위 : A	4위 : A
(총 14표)	(총 10표)	(총 8표)	(총 4표)	(총 1표)

위 결과에서 1위를 가장 많이 차지한 학생을 회장으로 선출한다면 당선자는 A가

되지. 그렇지만 1위를 차지한 표의 수가 과반수를 넘는 후보를 당선자로 정한다면 A의 득표수가 과반수(18명)를 넘지 못하므로 당선자가 아니야. 각 투표지에서 1위를 차지한 학생에게는 4점, 2위에게는 3점, 3위에게는 2점, 4위에게는 1점을 주고 모든 투표용지의 점수를 합하여 당선자를 정하는 경우에는 A=79, B=106, C=104, D=81로 당선자는 B가 돼. 한편 1위를 가장 적게 차지한 후보자를 차례로 제외하여 마지막에 남은 후보자가 당선된다면 후보 D가 당선자로 선출될 거야.

마지막으로 두 후보자의 선호도를 비교하여 우세한 후보에게는 1점, 열세한 후보에게는 0점, 비겼을 때에는 0.5점을 주기로 했다고 하자. 예를 들어 A와 B를 비교하면 A가 우세한 것은 14표, B가 우세한 것은 23표이므로 A:B=14:23이고 A는 0점, B는 1점을 얻는 거야. 이렇게 하면 다음과 같은 표를 얻을 수 있어.

후보 사이의 비교	득표 수	점수
A : B	14 : 23	A : 0점, B : 1점
A : C	14 : 23	A : 0점, C : 1점
A : D	14 : 23	A : 0점, D : 1점
B : C	18 : 19	B : 0점, C : 1점
B : D	28 : 9	B : 1점, D : 0점
C : D	25 : 12	C : 1점, D : 0점

따라서 A가 얻은 점수는 0점, B가 얻은 점수는 2점, C가 얻은 점수는 3점, D가 얻은 점수는 1점이므로 후보 C가 당선자로 선출되게 돼.

결국 어떤 선거 방법을 선택할 것인가에 따라 A, B, C, D가 각각의 경우에 회장으로 당선될 수 있단다.

투표에도 수학이 있다.

융합형 인재를 위한 교과서 넘나들기 핵심 노트

넘나들며 읽기

새롭고 창의적인 키워드를 만들어 내기 위해서는 기존의 개념을 잘 이해해야 합니다. 창의적인 것이란 이 세상에 존재하지 않는 것을 만들어 내는 것이 아니라 기존의 것들을 잘 섞고 혼합하여 폭을 넓히면서 만들어지는 것이니까요. 이 책에서 읽은 내용을 바탕으로 창의적인 사고를 펼쳐 볼까요?

케이크를 어떻게 나누면 좋을까요?

오늘날 수학은 매우 방대한 학문 분야입니다. 매년 수십만 개의 새로운 수학적 지식이 발견되고 있고 지금까지 쌓아 온 수학의 내용을 체계적으로 정리하면 수천 권의 책으로도 부족할 정도일 테니까요. 하지만 이렇게 어렵고 방대한 수학도 그 출발점은 매우 친숙하고 가까운 곳에 있습니다. 우리가 마주치는 문제를 해결하기 위해서 수학이라는 도구를 발명한 것이니까요.

예를 들어 볼까요? 여러분 집에 친구가 놀러 왔는데 둘은 케이크를 잘라서 사이좋게 먹기로 했어요. 많이 먹고 싶지만, 친구도 마찬가지일 테니까 똑같이 절반으로 자르는 게 좋겠어요. 그런데 어떻게 하면 정확히 절반으로 나누어서 어느 한쪽이 다른 한쪽보다 크거나 작지 않게 나눌 수 있을까요? 케이크가 사각형 모양이나 동그란 모양이라면 어렵지 않겠지만 세모 모양이나 휘어진 바나나 모양이라면 어떻게 해야 할까요? 이런 질문이 바로 수학의 한 분야인 기하학을 탄생시킨 출발점이라고 할 수 있어요.

하지만 수학을 발전시키는 건 상상력이랍니다. 위에서처럼 케이크의 모양이 바뀐다면 자르는 방법은 어떻게 달라져야 할까를 상상해 보는 것처럼요. 두 조각으로 나누는 건 어렵지 않겠지만 세 조각이면 어떨까요? 몇 개의 조각으로 나누든 모두 같은 크기로 나눌 수 있는 방법을 언제나 찾을 수 있는 걸까요?

케이크가 어떤 모양이건 두 조각으로 나누는 문제라면 의외로 간단합니다. 무게중심을 찾아서 무게중심을 지나는 면으로 깔끔하게 자르면 되니까요. 가느다란 줄 위에 케이크를 올려놓고 이리저리 움직이다 보면 어느 지점에선가 케이크가 흔들리지 않고 균형을 이루게 됩니다. 그때 그 줄을 따라서 똑바로 케이크를 자르면 케이크는 정확히 같은 크기로 잘립니다.

물론 현실에서는 그렇게 귀찮게 케이크를 자르진 않을 거예요. 게다가 가느다란 줄 위에서 케이크의 무게중심을 잡는다는 것도 실제로는 케이크가 자기 무게 때문에 잘려 버리니까 가능하지 않을 거고요. 하지만 수학은 그렇게 '이상적인 경우를 상상해서' 답을 찾는 두뇌의 퍼즐 놀이랍니다. 우리가 종이 위에 그리는 삼각형이나 원은 완벽한 도형이 아니에요. 하지만 우리는 완벽한 도형을 상상해서 수학을 하는 거죠. 그래서 수학은 어렵습니다. 왜냐면 현실에서 출발하지만 현실에는 존재하지 않는 것들을 상상해야 하니까요.

여러분은 수학에는 계산이 전부라고 생각하기가 쉬울 거예요. 그래서 수학이 재미없는 친구들도 많지요. 하지만 수학은 질문의 학문이랍니다. 어떻게 질문을 던져야 하는지를 생각해야 하기 때문에 어렵기도 하고 재미있기도 하지요. 다시 말하면 질문을 잘 던져야 어떻게 계산하는 것이 좋은지 답을 알 수 있게 된답니다.

재미있는 이야기가 있어요. 폰 노이만이라는 수학자는 암산이 매우 빠른 수학자였는데, 누군가 이렇게 질문을 던졌어요. "서로 240킬로미터 떨어진 곳에서 두 개의 기차가 마주보며 출발했습니다. 시속 50킬로미터로 달려오는 A기차와 그 반대편에서 시속 70킬로미터로 달리는 B기차 사이를 파리가 시속 1,000킬로미터로 왕복한다면, 기차가 서로 충돌할 때까지 파리는 몇 킬로미터를 날아다녔을까요?"

이것을 계산하는 방법에는 어려운 방법이 있고 쉬운 방법이 있어요. 어려운 방법은 기차 A로부터 B까지 날아가는 거리를 계산한 뒤, 다시 파리가 뒤로 돌아서 A를 다시 만날 때까지의 거리를 계산하는 데서 시작해요. A에서 B로 날아가는 동안 B가 움직이고(다가오고) 돌아갈 때도 마찬가지죠. 그래서 점점 날아가는 거리가 줄어들어요. 첫 번째 비행 거리, 두 번째 비행 거리, 세 번째 비행 거리를 구하면 이 거리가 일정한 비율로 줄어든다는 걸 알 수 있고, 약간 복잡한 공식(고등학교 때 배워요)을 사용하면 이 거리의 합을 모두 구할 수 있습니다.

하지만 쉽게 생각하면 두 기차는 시속 120킬로미터(50+70)로 가까워지고, 거리가 240킬로미터 떨어져 있으니 두 시간 만에 부딪친다는 걸 알 수 있죠. 그러니 파리는 두 시간 동안 2,000킬로미터(1000x2)를 날아요. 이렇게 생각하면 쉽죠?

물론 폰 노이만은 어려운 방식으로 계산했다고 해요. 암산으로 몇 초 만에.

더 생각해 볼 문제

- **주변에서 보고 듣거나 호기심이 생기는 문제 중에서 수학적인 방법으로 해결할 수 있는 문제를 찾아보세요. 그리고 그 문제를 풀지는 못해도 좋으니 어떤 수학 분야가 그 문제를 다루는지를 알아보세요.**

힌트: 비눗방울을 만들면 비누막이 생기죠? 이 비누막은 팽팽하게 당겨지는 경향이 있는데, 이것을 계산하는 것도 수학의 한 분야에요. 하지만 '극소곡면' 문제라고 부르는 이 문제는 아주 어려운 분야라서 여러분은 공부할 수 없어요. 하지만 비누막을 다루는 수학이 있다는 걸 아는 것만으로도 비눗방울 놀이가 즐거워지지 않을까요?

넘나들며 질문하기

창의적 독서란 책이 주는 정보를 정보 그대로 이해하는 것이 아니라 자기 것으로 만드는 독서를 일컫는 말입니다. 이 책에서 넘나들기를 한 분야 외에 세상의 많은 분야와 정보가 모두 이 책을 중심으로 뻗어 나갈 수 있을 것입니다. 이 질문들은 여러분들이 창의적인 상상을 할 수 있도록 도와주는 것들입니다. 최선의 답은 있으나 정답이 있는 것은 아닙니다. 책의 내용과 관련지어 다음과 같은 질문들에 간단하게 생각을 해 봅시다.

질문

한국에 있는 가장 높은 건물은 무엇인지 아세요? 서울 도곡동에 있는 타워팰리스라고 해요. 무려 264미터에 달하죠. 하지만 여러분이 이 건물의 높이를 모른다면 이 건물의 높이를 어떻게 잴 수 있을까요? 효율적이지 않아도 좋으니 많은 방법을 상상해 보세요.

힌트!

예를 들어, 건물 꼭대기까지 뛰어 올라가는 시간을 측정해서 평균 속력에 곱하는 방법을 생각해도 괜찮아요. 다만 '일정한 속력'으로 70여 층을 계속 뛰어 올라간다는 건 불가능하겠지만요.

질문

거울을 보면 나와 똑같은 사람이 안에 있지요? 하지만 어딘가 좀 이상한 것은 왼쪽과 오른쪽이 바뀌어 있어서 그래요. 내가 왼손을 움직이면 거울 속의 나는 오른손을 움직이니까요. 그런데 좌우는 바뀌어 있는데 왜 위아래는 달라져 있지 않을까요? 이유를 설명해 보세요.

힌트!

몸을 옆으로 뉘어서 거울을 보세요. 그러면 왼손과 오른손이 위아래의 위치에 가게 되죠. 그렇게 봐도 좌우가 바뀌어 있는 것으로 보일까요?

질문

A라는 병에 걸린 사람 중에서 작년에 집에서 죽은 사람은 10명이었는데, 병원에서 죽은 사람은 1000명이었어요. 이 병에 걸리면 병원에 가는 게 더 위험하다고, 병원에 가면 안 된다고 말할 수 있을까요?

힌트!

A라는 병에 걸리면 병원에 가지 않으면 100퍼센트 죽지만, 병원에 가면 100명 중 한 명만이 죽을 뿐이에요. 작년에 A라는 병에 걸린 사람은 모두 몇 명이었고, 그 중 몇 명이 병원에 갔을까요? 통계는 그 조건을 잘 생각해 봐야 한답니다.

질문

1미터짜리 고무줄이 있는데, 달팽이가 한쪽 끝에서 매초 1센티미터의 속도로 기어가기 시작했어요. 그런데 매초마다 1센티미터씩 고무줄을 길게 잡아당기면 이 달팽이는 건너편에 도달할 수 있을까요?

힌트!

고무줄을 늘이면 달팽이의 위치는 어떻게 될까요? 100초 뒤를 생각해 보세요. 고무줄은 2미터의 길이가 되고, 달팽이는 1미터를 기어갔을 거예요. 하지만 절반보다는 더 갔겠죠. 왜냐면 달팽이 뒤쪽의 고무줄도 같이 늘어나니까요. 그럼 남은 거리는 1미터보다 줄어들어 있겠죠? 수학의 문제를 생각할 때는 많은 것들을 빼먹지 않고 생각해야 한답니다.

질문

우리는 표준적인 미터법을 배우지만 실제로 사용하는 단위들은 문화권마다 서로 다릅니다. 그래서 아직도 우리나라에서는 면적의 단위로 '평'이나 '정보' 같은 걸 쓰는 곳이 있고, 미국에서는 야드, 마일, 파인트 등 다양한 길이, 면적, 부피의 단위를 사용하죠.
이런 단위들을 조사해 보고 그 어원을 찾아봅시다. 그리고 미터법으로 바꿀 때 어떻게 하면 되는지도 기억해 둡시다.

힌트!

아이스크림 전문점에 가면 아직도 파인트니 쿼터니 하는 도량 단위를 사용하는 걸 알 수 있어요.

질문

자신이 수학자가 된다면 어떤 분야를 연구하고 싶은지 상상의 미래를 그려 보세요. 어떤 문제를 수학적으로 해결하고 싶은지 발표해 봅시다.

힌트

수학이 싫더라도 상상해 보세요. 수학이 있었기 때문에 컴퓨터 게임도 만들어질 수 있는 거랍니다.

질문

직사각형 모양의 케이크를 3명이서 공평하게 나누는 방법을 생각해 보세요.

힌트

쉽지는 않답니다. 전문적인 수학자들도 어려워하는 문제에요. 그러니 편하게 생각해 보세요.

질문

위대한 학자 갈릴레이는 자연은 수학의 언어로 쓰인 책이라고 말했습니다. 자연에 존재하는 현상들의 뒤에는 수학적 법칙이 존재하기 때문이죠. 그래서 비슷한 패턴을 여러 곳에서 발견할 수 있습니다. 예를 들자면, 여러분들은 이제 곧 갑자기 키가 커지는 시기에 들어간 뒤 어느 정도 시간이 지나면 키가 커지는 속도가 줄어들게 될 텐데 이걸 그래프로 그리면 S자 곡선의 형태가 됩니다. 이와 마찬가지로 자연에서 성장하는 많은 것들은 이런 S자 곡선의 패턴을 보여 줍니다.
그렇다면 고동이나 소라처럼 나선형으로 자라나는 것에는 어떤 것들이 있는지 자연에서 찾아보세요.

이어령의 교과서 넘나들기 수학편

펴낸날 초판 1쇄 2012년 7월 27일
초판 2쇄 2013년 5월 10일

콘텐츠 크리에이터 이어령
지은이 이광연
그린이 남기영
기 획 손영운
펴낸이 심만수
펴낸곳 (주)살림출판사
출판등록 1989년 11월 1일 제9-210호

주소 경기도 파주시 문발동 522-1
전화 031-955-1350 팩스 031-955-1355
기획 · 편집 031-955-1392
홈페이지 http://www.sallimbooks.com
이메일 book@sallimbooks.com

ISBN 978-89-522-1897-1 03410
978-89-522-1531-4 (세트)

책임편집 장선영